全国职业院校机械类专业通用教材

数控铣工技能训练图册

崔兆华　主编

中国劳动社会保障出版社

简介

本图册分为基本技能篇、综合技能篇、鉴定考核篇三部分，涵盖国家职业技能标准《铣工（2018 年版）》中对数控铣工的技能要求，图例丰富多样，贴近生产实际，内容循序渐进，在教学上具有良好的操作性。

本图册既可作为相关技能训练教材的配套用书，也可作为培训教材单独使用。

本图册由崔兆华任主编，刘永强、逯伟、刘道吉、崔人凤、孔琳参加编写，王希波任主审。

图书在版编目(CIP)数据

数控铣工技能训练图册 / 崔兆华主编 . -- 北京：中国劳动社会保障出版社，2020
全国职业院校机械类专业通用教材
ISBN 978-7-5167-4599-1

Ⅰ. ①数…　Ⅱ. ①崔…　Ⅲ. ①数控机床 – 铣床 – 职业教育 – 教材　Ⅳ. ①TG547

中国版本图书馆 CIP 数据核字（2020）第 195954 号

中国劳动社会保障出版社出版发行

（北京市惠新东街 1 号　邮政编码：100029）

*

北京市艺辉印刷有限公司印刷装订　新华书店经销
787 毫米 × 1092 毫米　16 开本　6.5 印张　138 千字
2020 年 11 月第 1 版　2020 年 11 月第 1 次印刷

定价：13.00 元

读者服务部电话：（010）64929211/84209101/64921644
营销中心电话：（010）64962347
出版社网址：http://www.class.com.cn
http://jg.class.com.cn

目　录

基本技能篇

一、铣平面

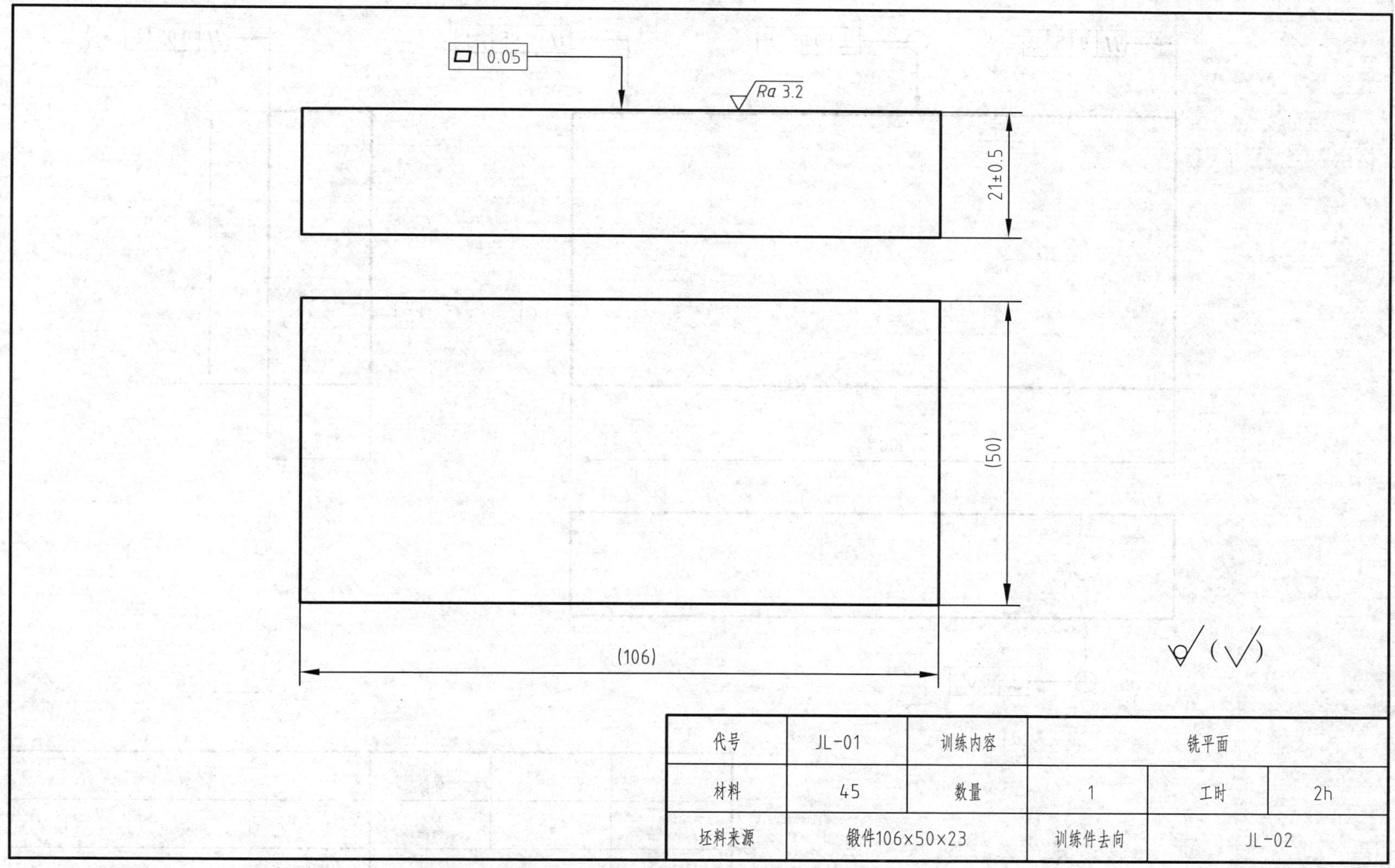

代号	JL-01	训练内容	铣平面		
材料	45	数量	1	工时	2h
坯料来源	锻件106×50×23		训练件去向	JL-02	

注：基本技能训练图样标注了每次的加工尺寸和表面质量要求，图样中括号内的尺寸为不加工轮廓尺寸。

二、铣长方体（一）

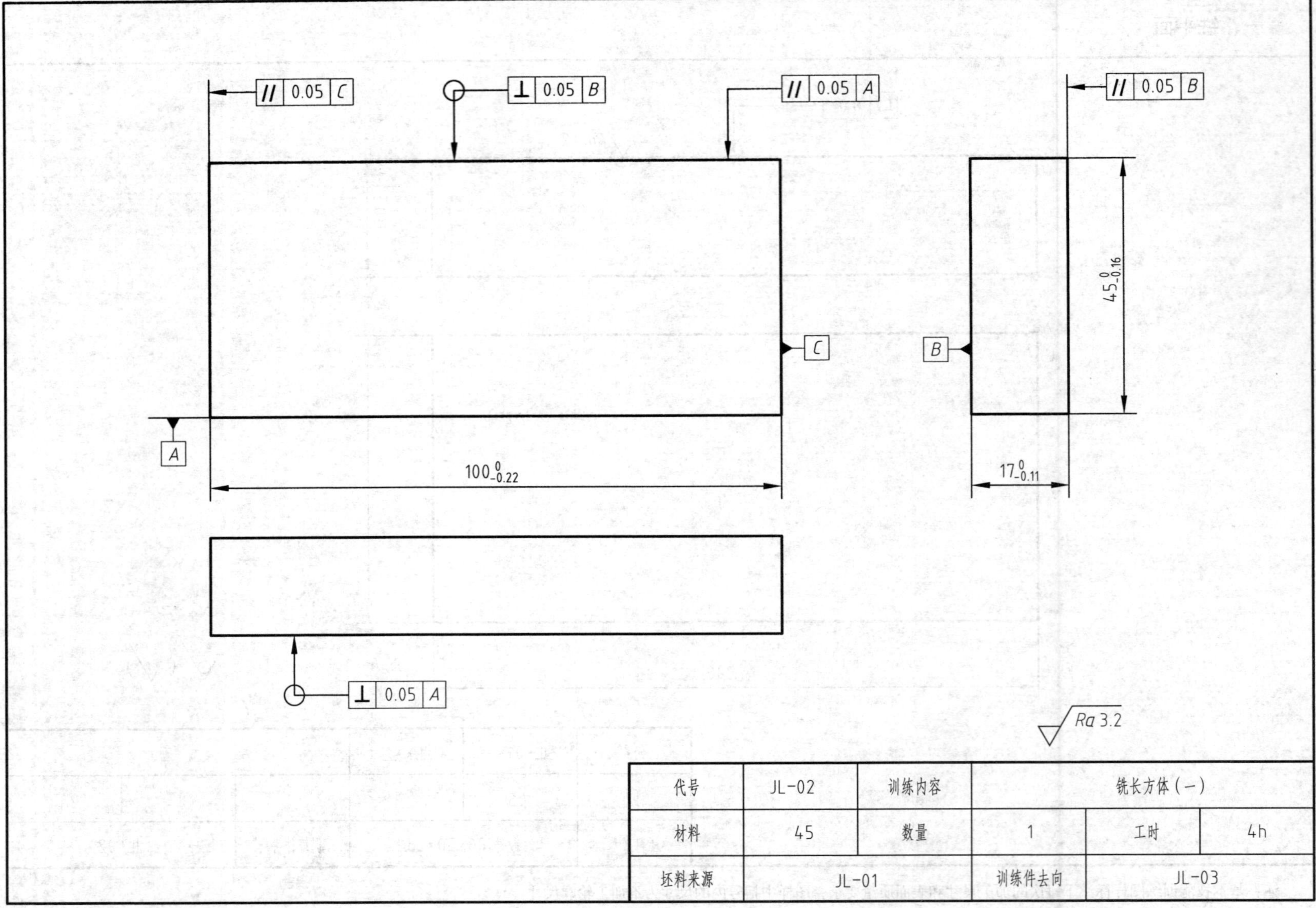

代号	JL-02	训练内容	铣长方体（一）		
材料	45	数量	1	工时	4h
坯料来源	JL-01		训练件去向	JL-03	

三、铣台阶

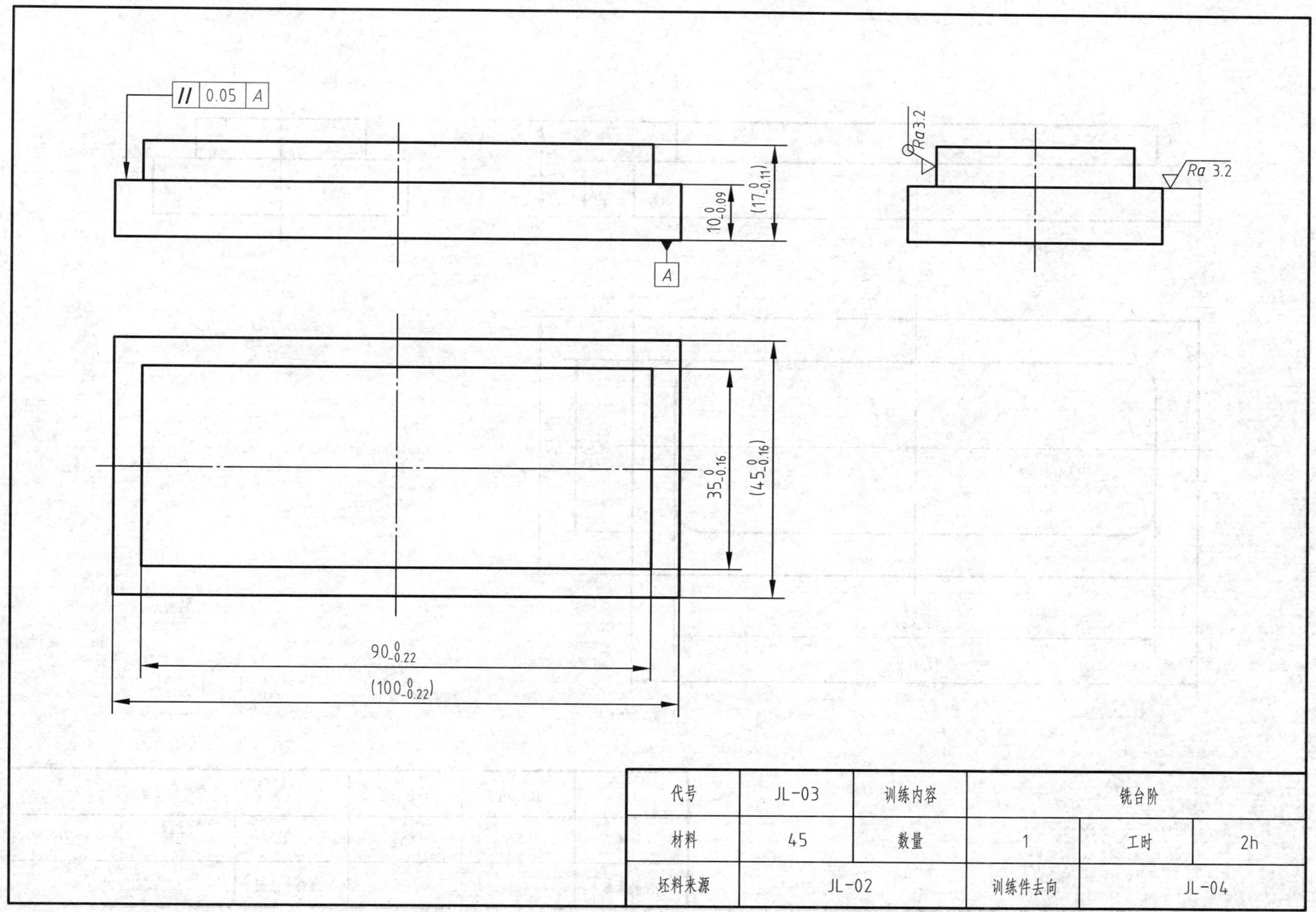

代号	JL-03	训练内容	铣台阶		
材料	45	数量	1	工时	2h
坯料来源	JL-02		训练件去向	JL-04	

四、铣外轮廓面

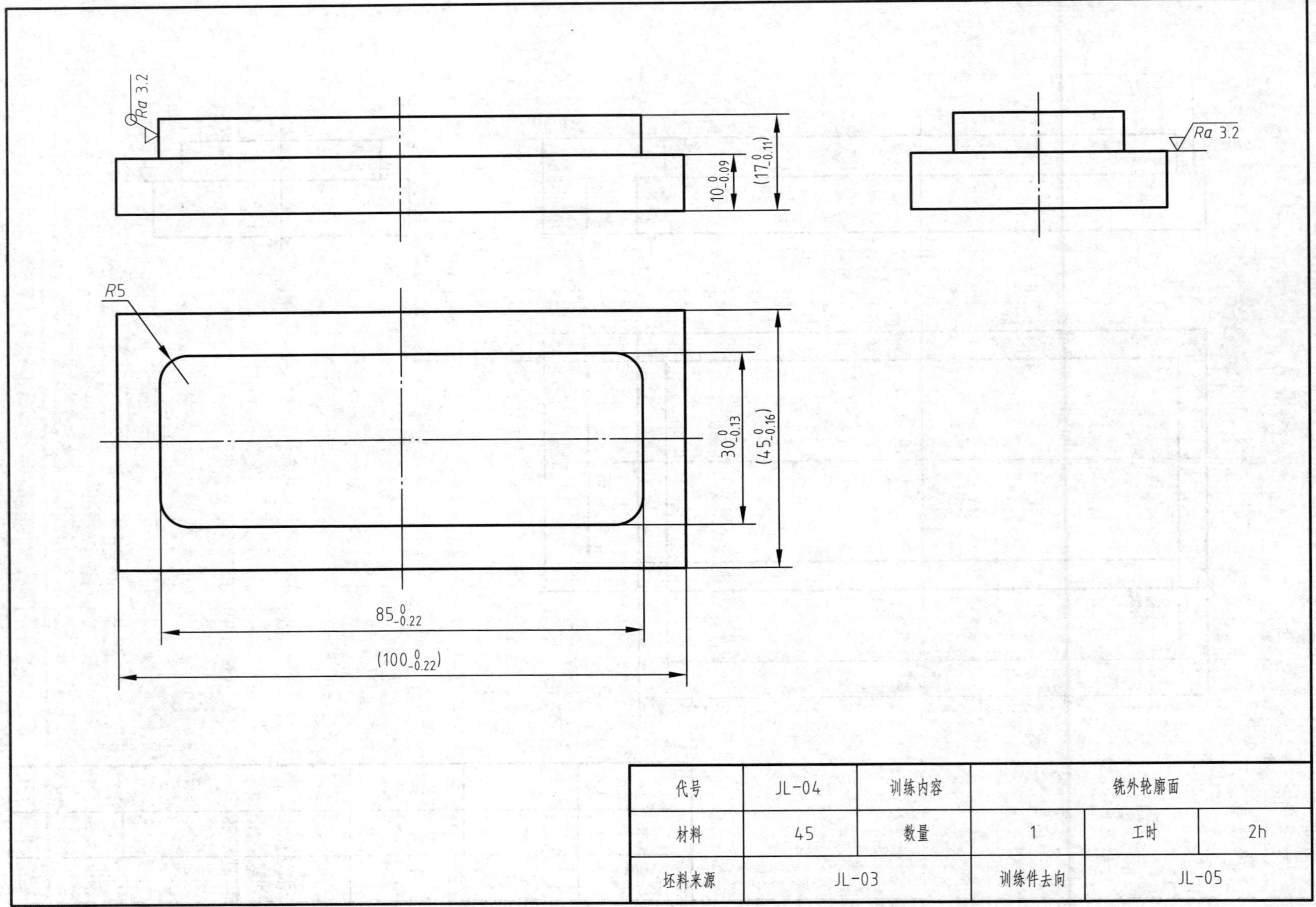

代号	JL-04	训练内容	铣外轮廓面		
材料	45	数量	1	工时	2h
坯料来源	JL-03		训练件去向	JL-05	

五、铣圆台

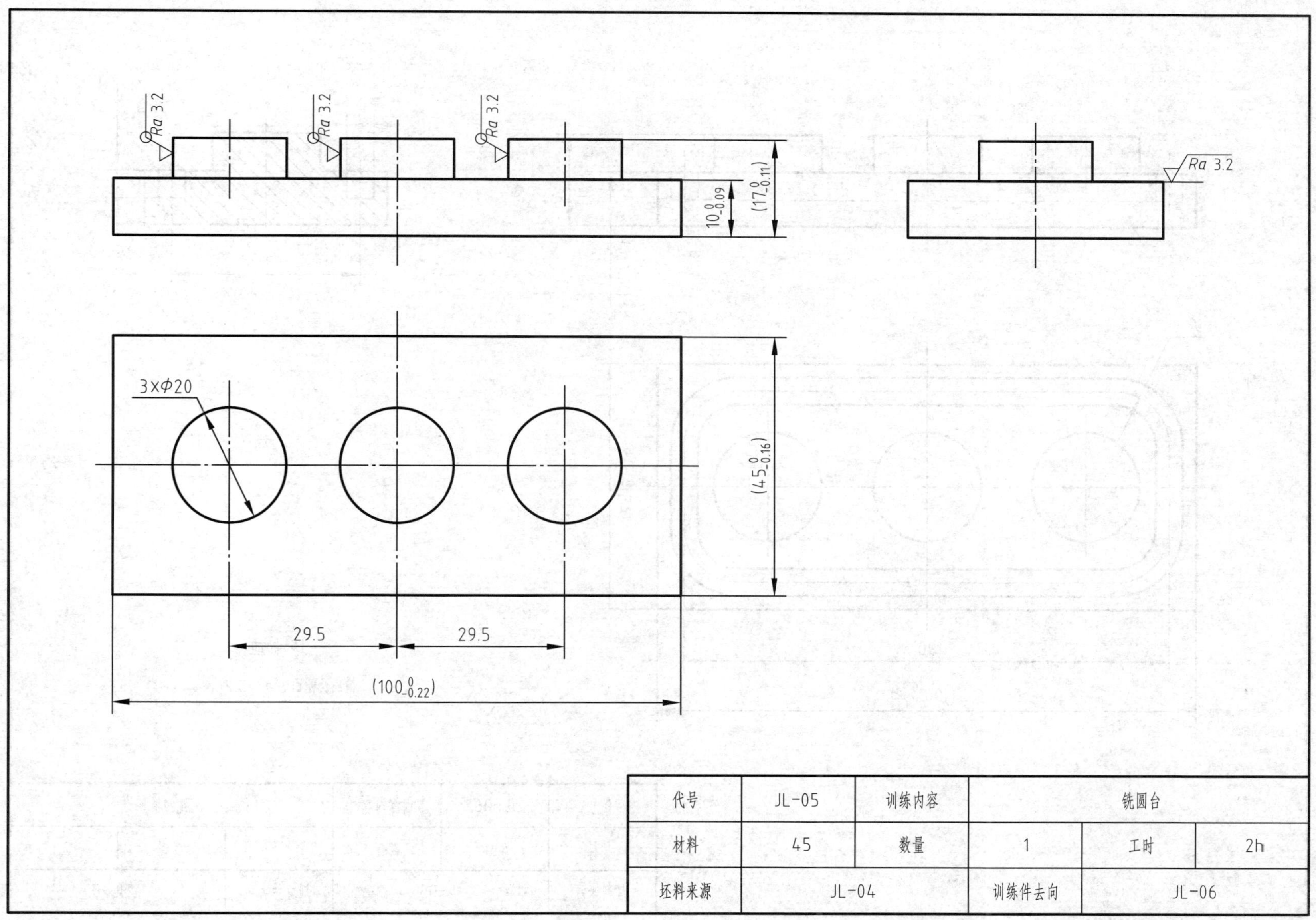

代号	JL-05	训练内容	铣圆台		
材料	45	数量	1	工时	2h
坯料来源	JL-04		训练件去向	JL-06	

六、铣沟槽

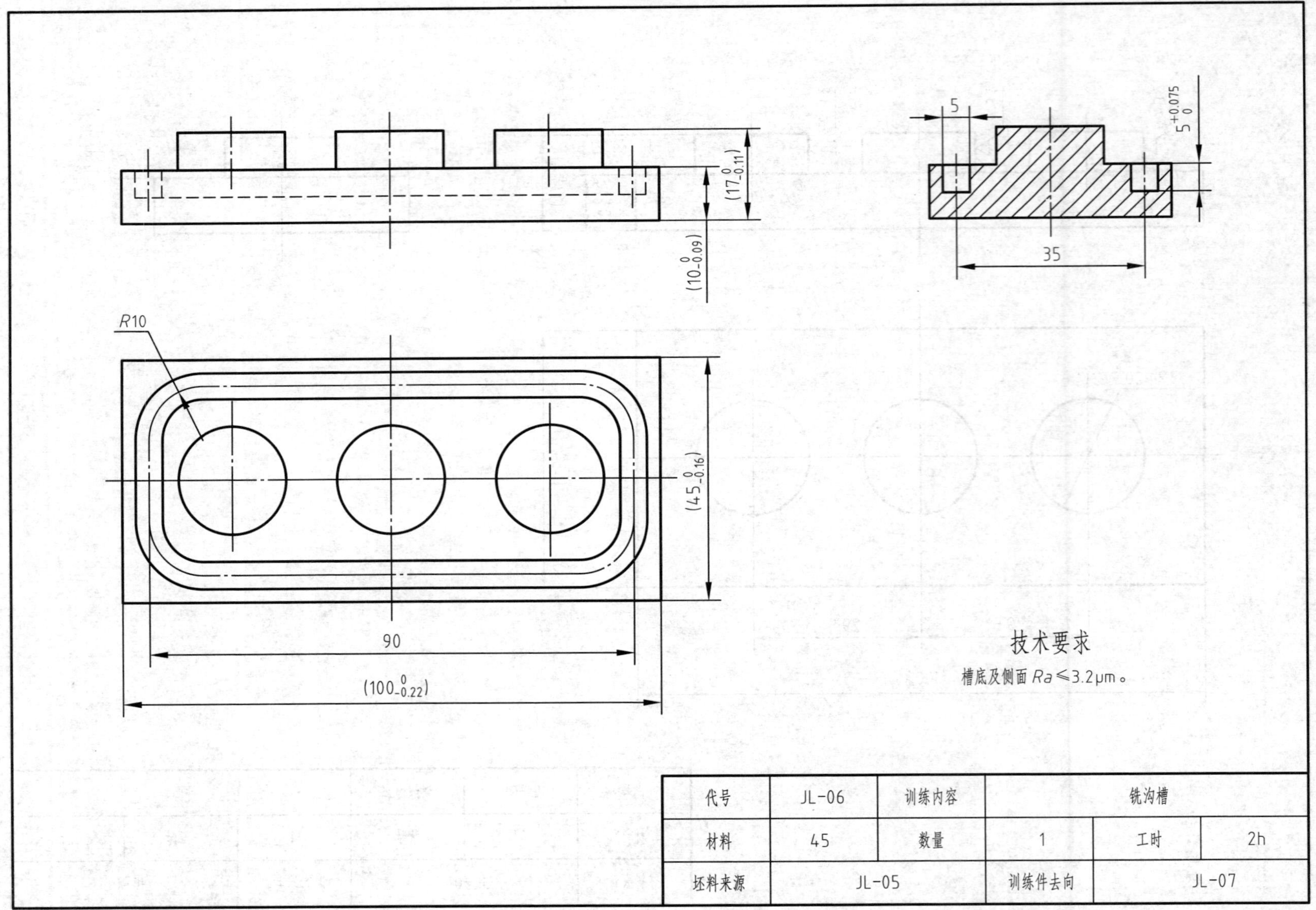

代号	JL-06	训练内容	铣沟槽		
材料	45	数量	1	工时	2h
坯料来源	JL-05		训练件去向	JL-07	

七、铣内孔

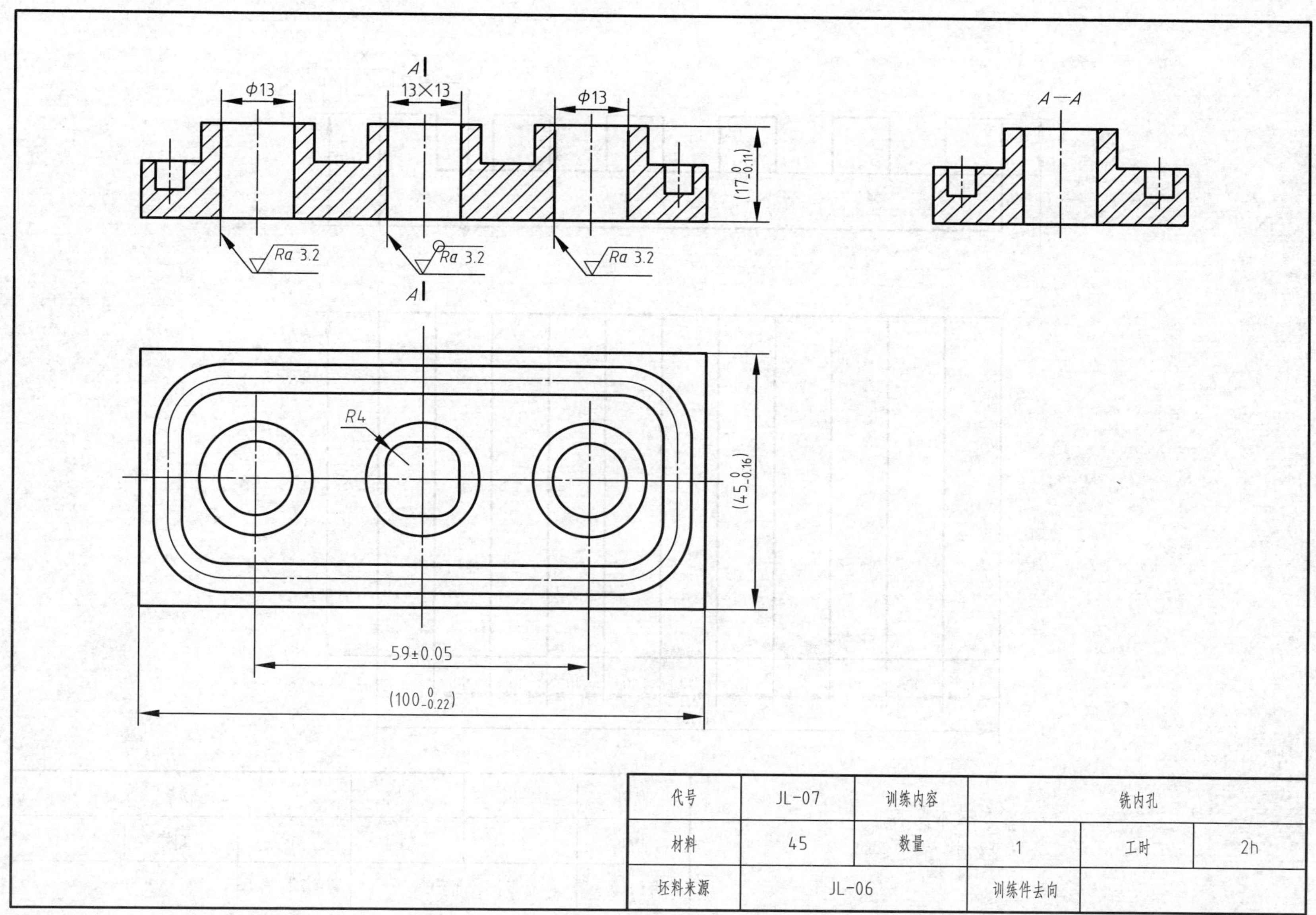

代号	JL-07	训练内容	铣内孔		
材料	45	数量	1	工时	2h
坯料来源	JL-06		训练件去向		

八、铣方槽

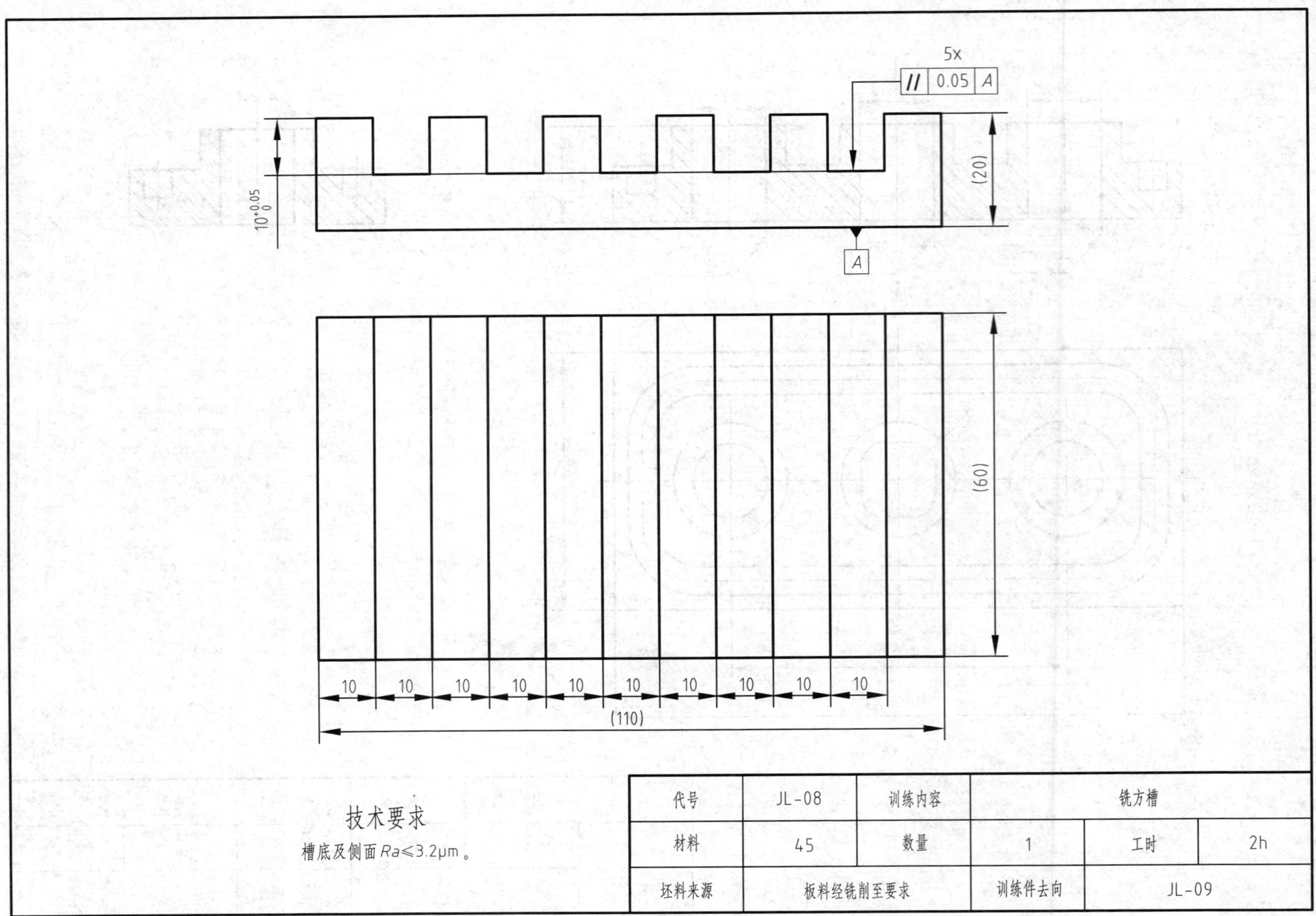

技术要求

槽底及侧面 $Ra \leqslant 3.2\mu m$。

代号	JL-08	训练内容	铣方槽		
材料	45	数量	1	工时	2h
坯料来源	板料经铣削至要求	训练件去向	JL-09		

九、铣圆头槽

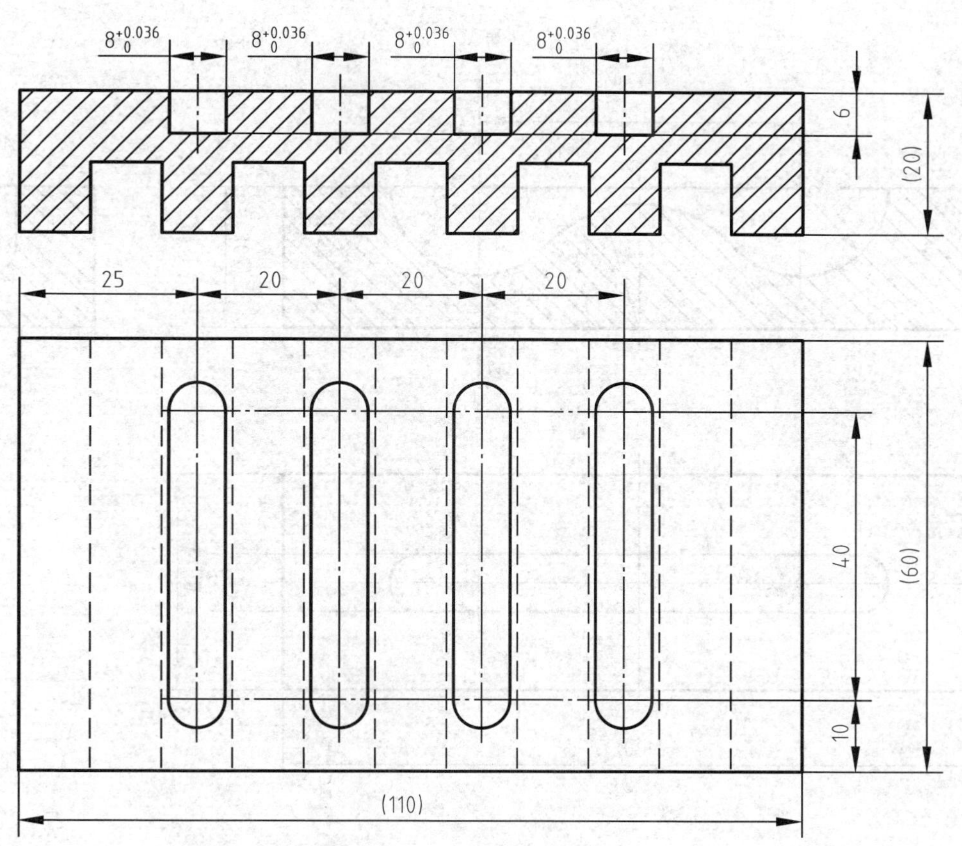

技术要求

槽底及侧面 $Ra\leqslant3.2\mu m$ 。

代号	JL-09	训练内容	铣圆头槽		
材料	45	数量	1	工时	2h
坯料来源	JL-08		训练件去向		

十、铣曲面槽

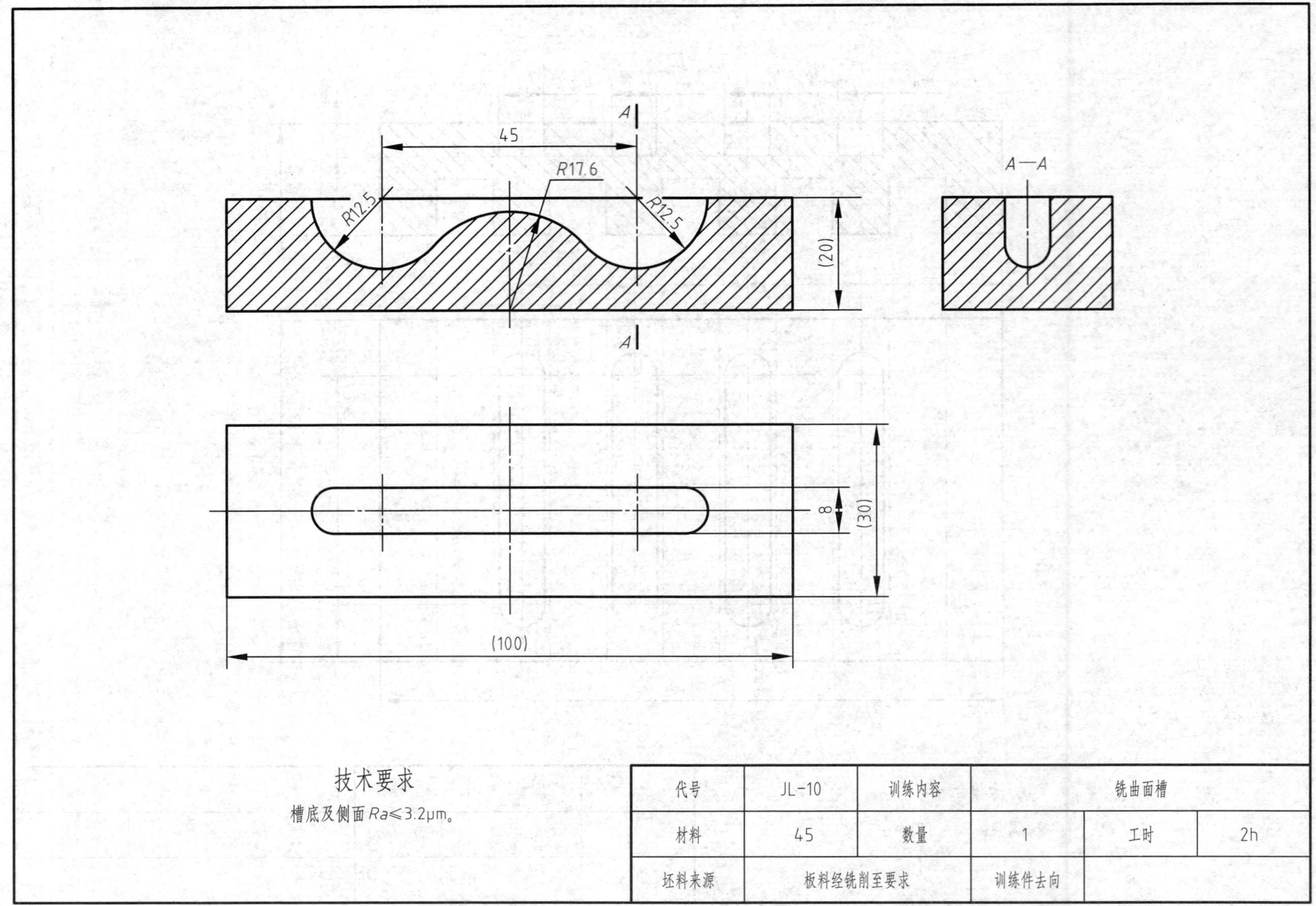

代号	JL-10	训练内容	铣曲面槽		
材料	45	数量	1	工时	2h
坯料来源	板料经铣削至要求		训练件去向		

十一、铣长方体（二）

// 0.05 C
⊥ 0.05 B
// 0.05 A
// 0.05 B
C
B
A
$40^{\ 0}_{-0.062}$
$100^{\ 0}_{-0.087}$
$50^{\ 0}_{-0.062}$
Ra 1.6
⊥ 0.05 A
代号
JL-11
训练内容
铣长方体(二)
材料
45
数量
1
工时
2h
坯料来源
锻件105×55×45
训练件去向
JL-12

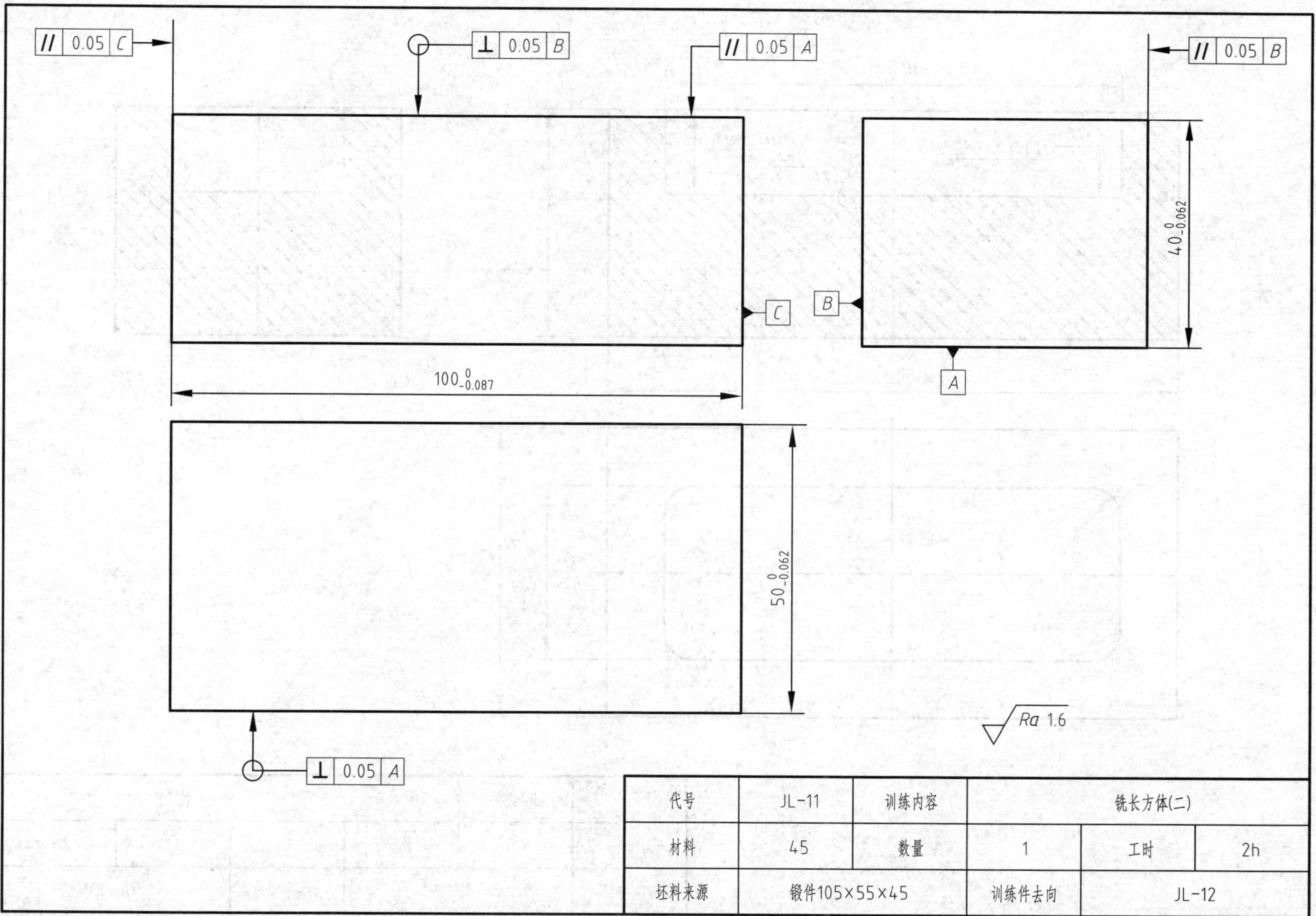

十二、铣凹槽

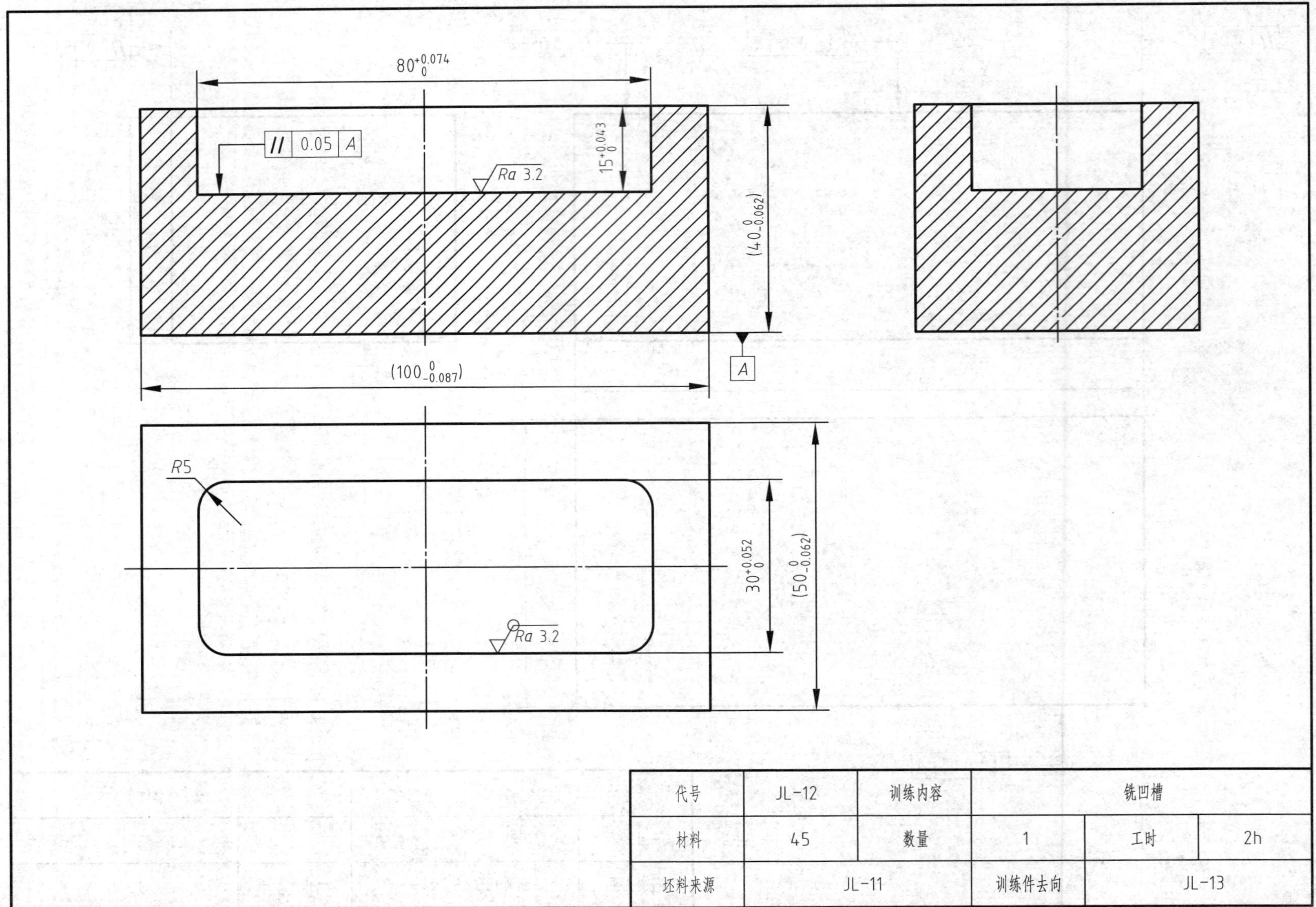

代号	JL-12	训练内容	铣凹槽		
材料	45	数量	1	工时	2h
坯料来源	JL-11		训练件去向	JL-13	

十三、铣直通槽

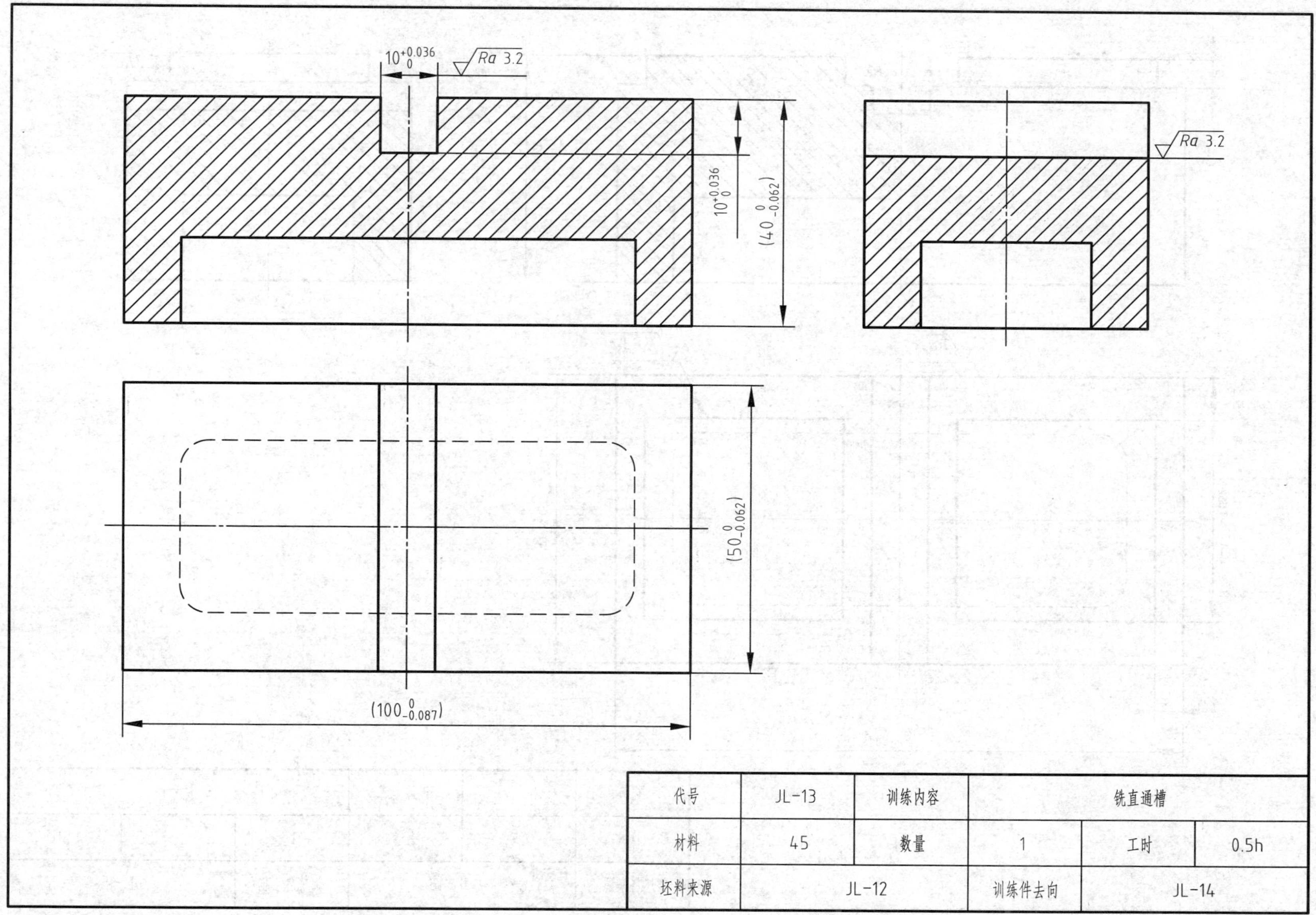

代号	JL-13	训练内容	铣直通槽		
材料	45	数量	1	工时	0.5h
坯料来源	JL-12		训练件去向	JL-14	

十四、铣方台

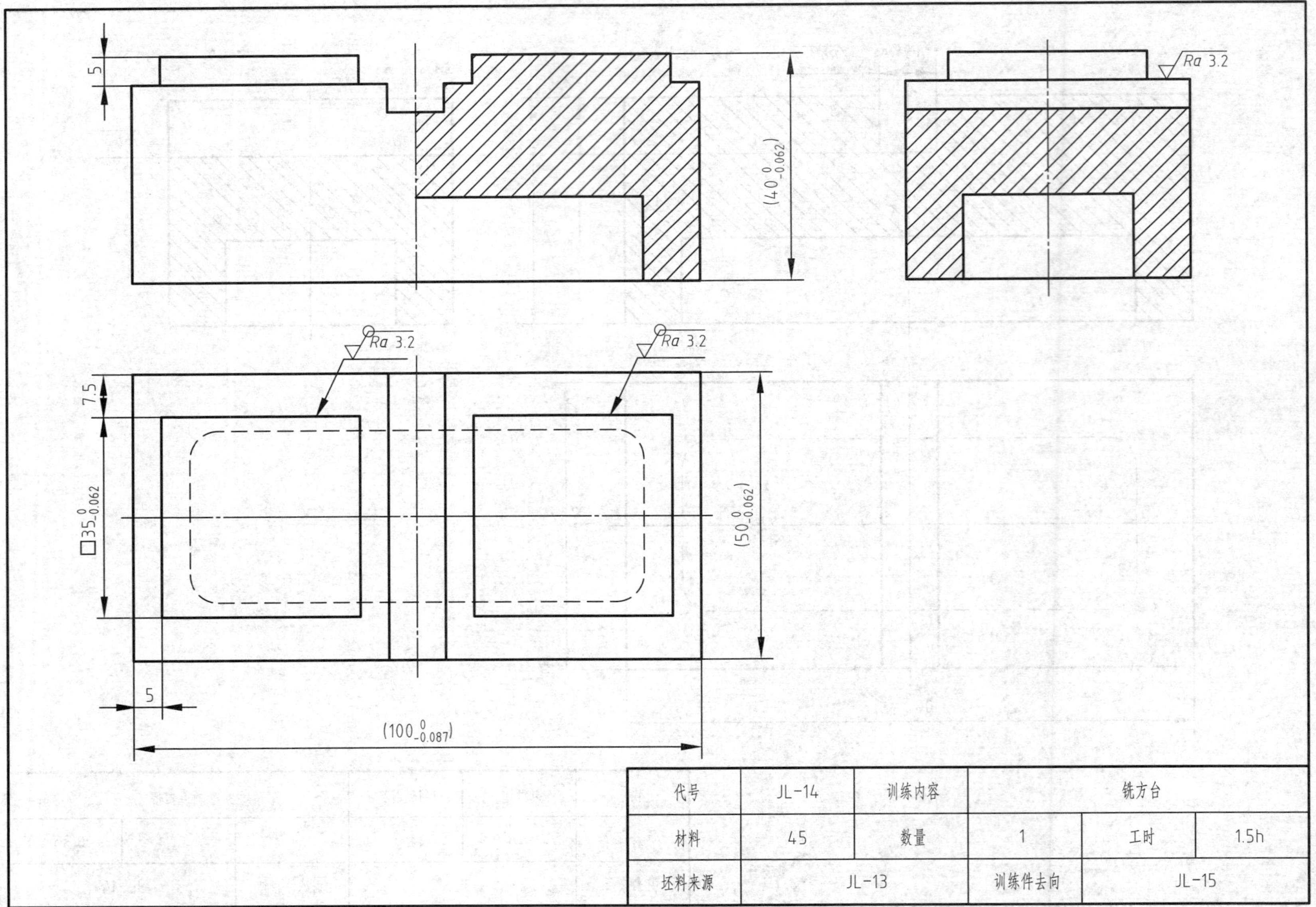

代号	JL-14	训练内容	铣方台		
材料	45	数量	1	工时	1.5h
坯料来源	JL-13		训练件去向	JL-15	

十五、铣十字槽

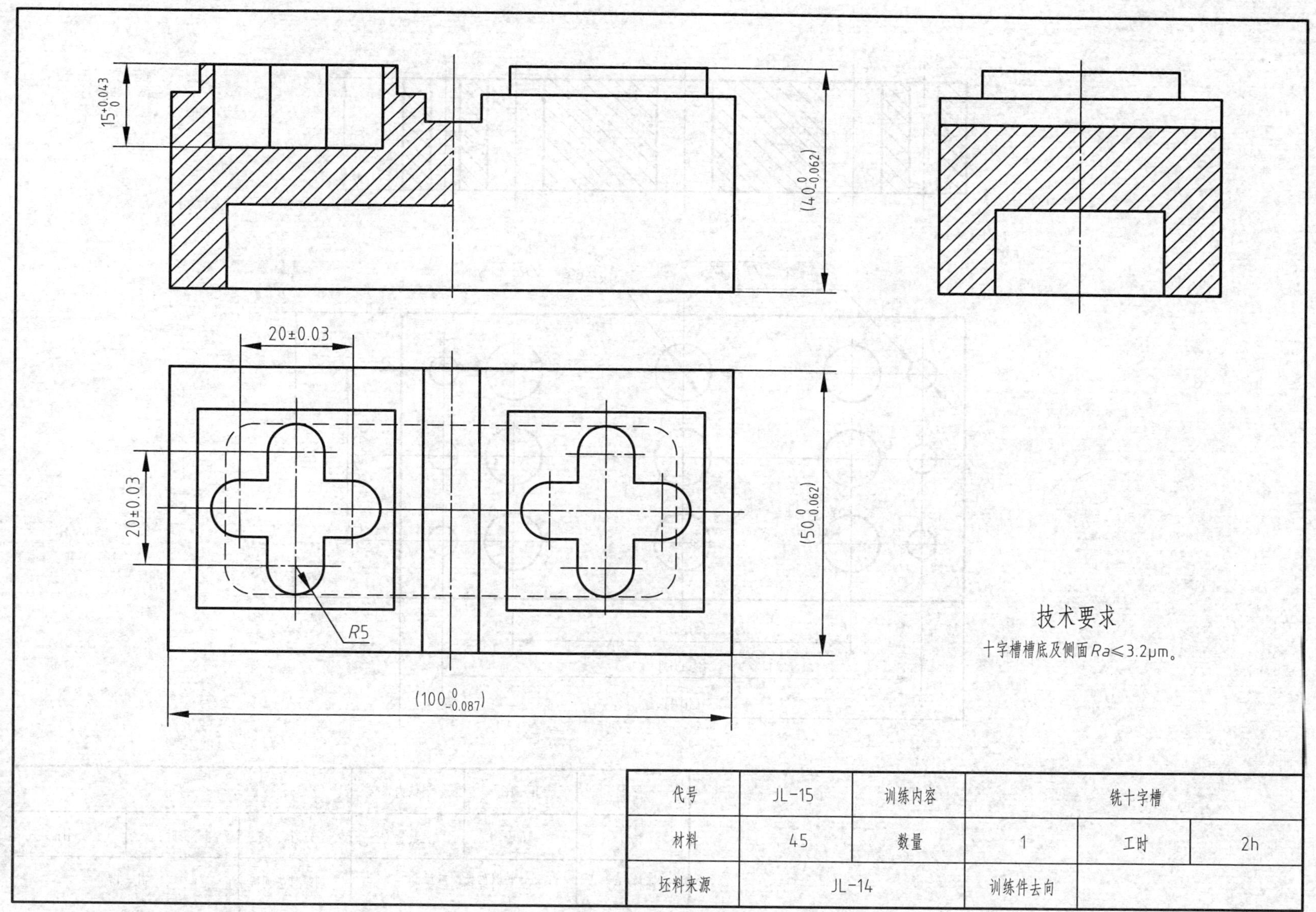

代号	JL-15	训练内容	铣十字槽		
材料	45	数量	1	工时	2h
坯料来源	JL-14		训练件去向		

十六、钻孔

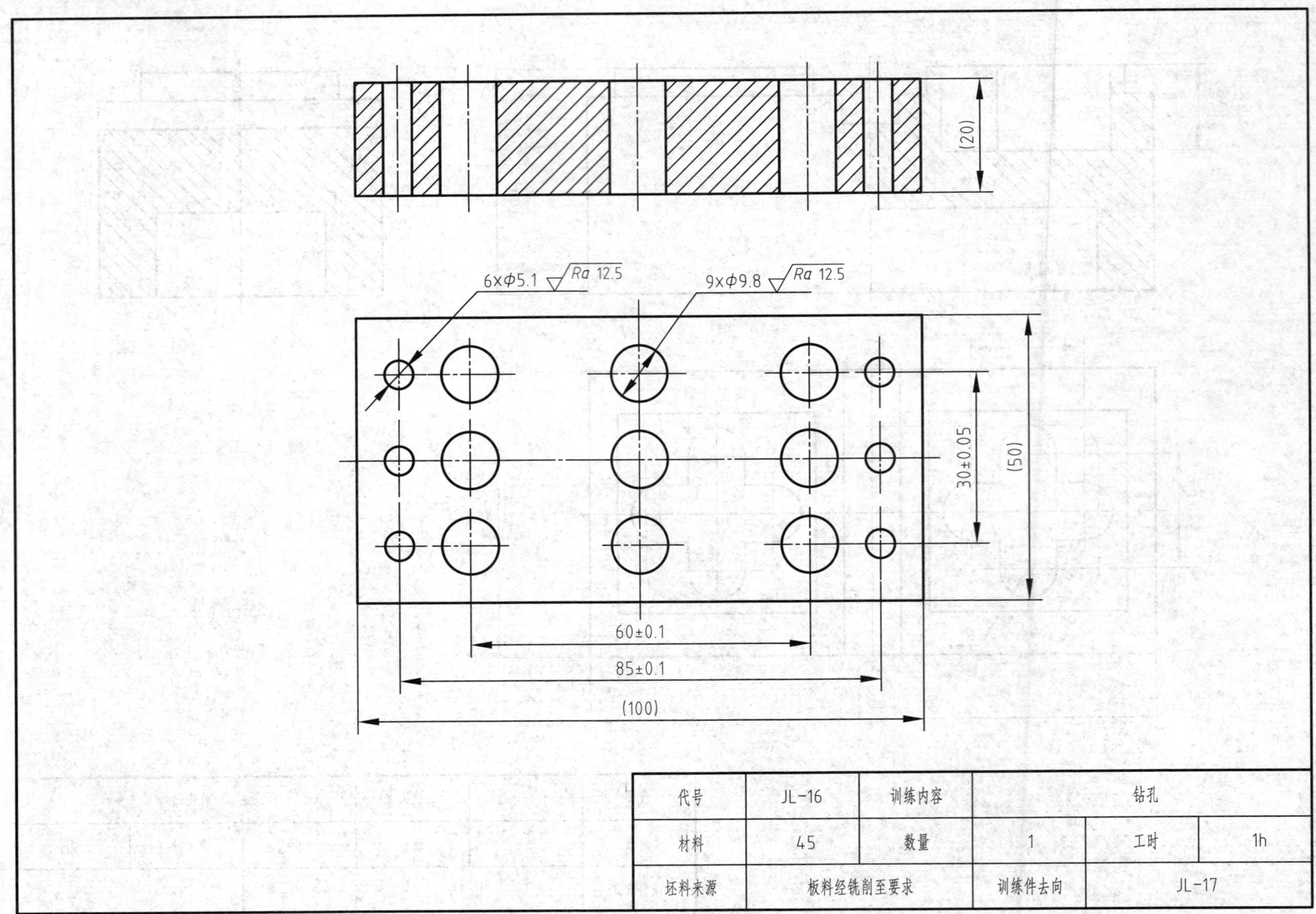

代号	JL-16	训练内容	钻孔		
材料	45	数量	1	工时	1h
坯料来源	板料经铣削至要求		训练件去向	JL-17	

十七、铰孔

(20)
9×Φ10H7
Ra 3.2
30±0.05
(50)
60±0.1
(100)
代号
JL-17
训练内容
铰孔
材料
45
数量
1
工时
1h
坯料来源
JL-16
训练件去向
JL-18

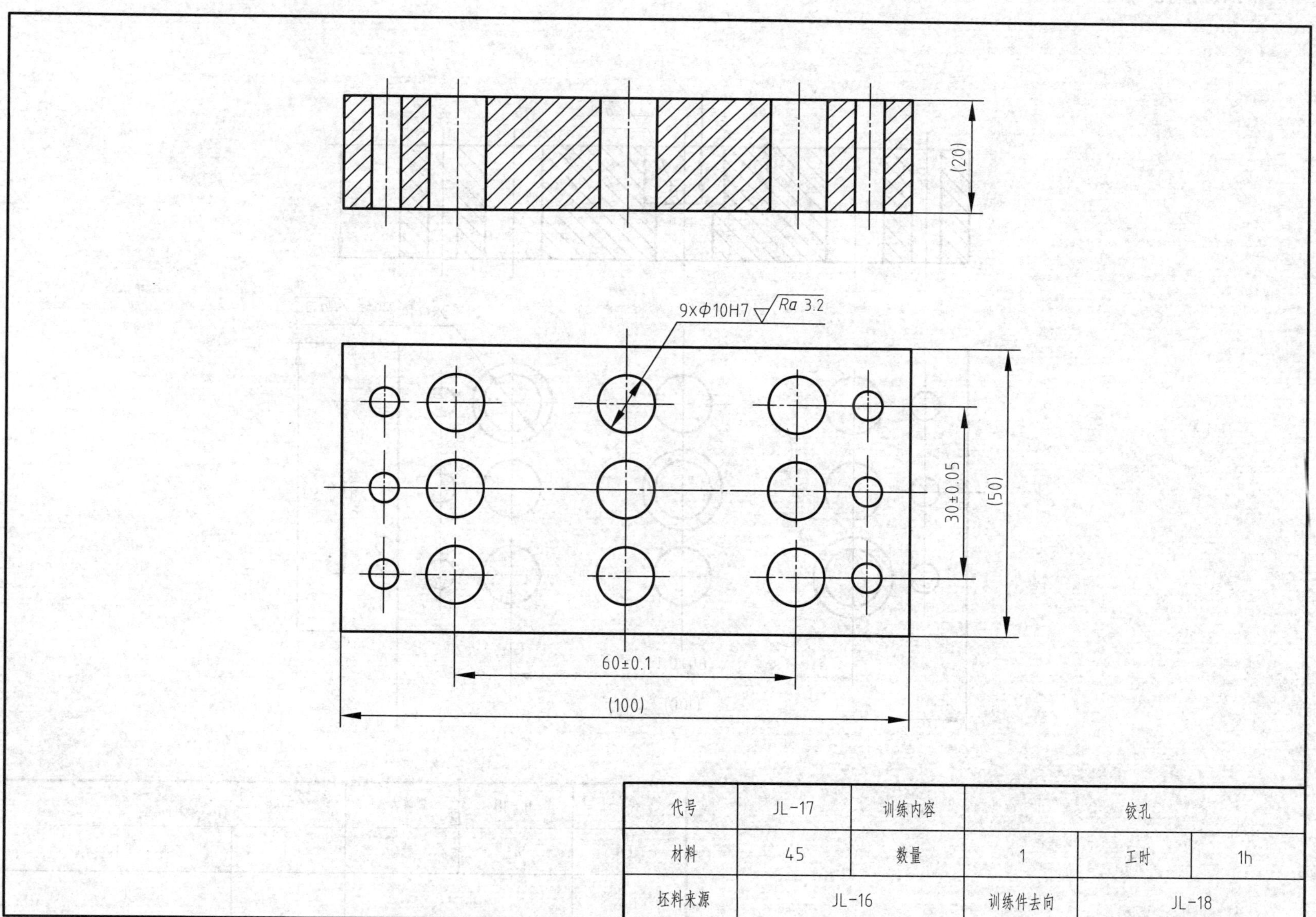

十八、镗孔

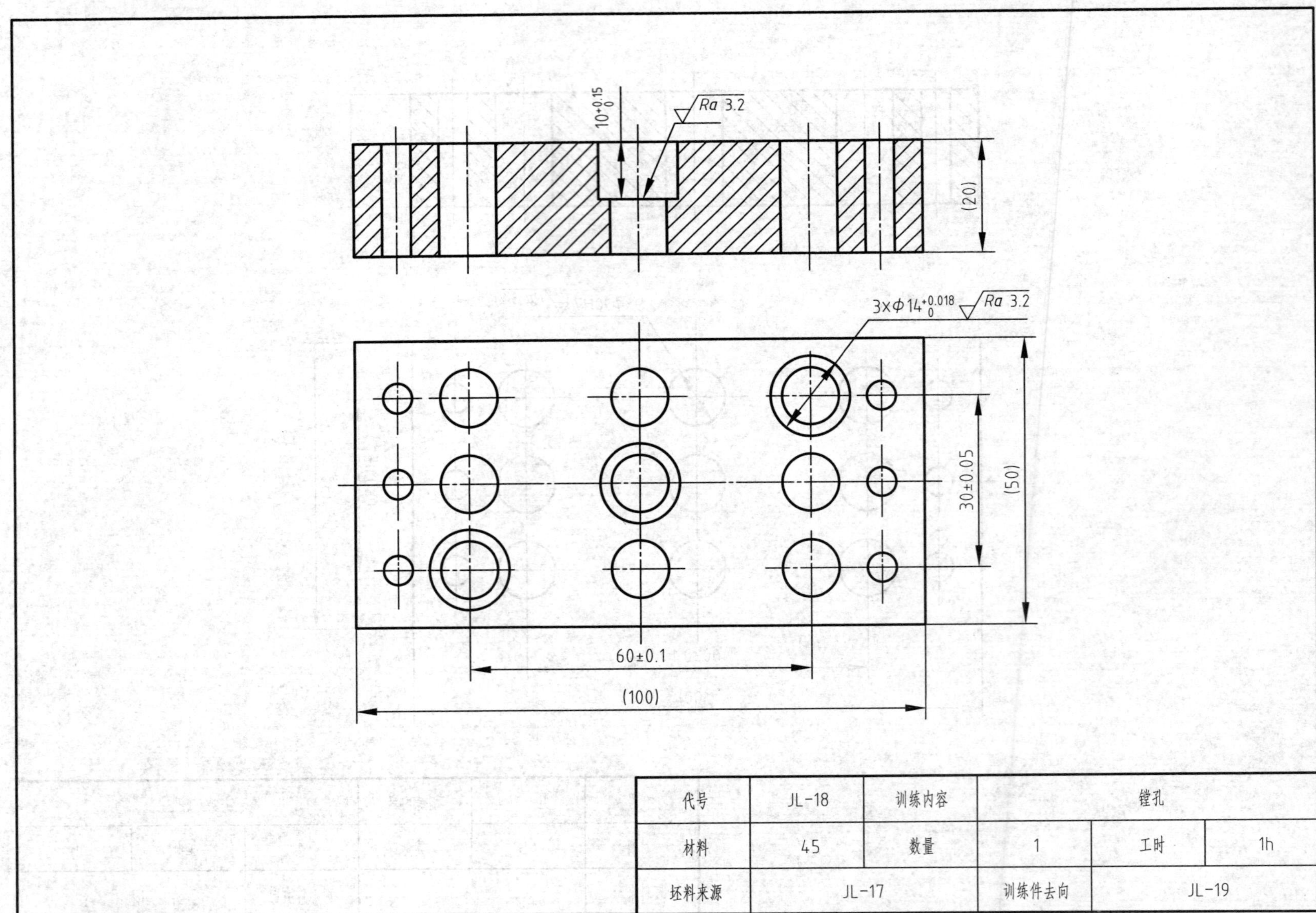

代号	JL-18	训练内容	镗孔		
材料	45	数量	1	工时	1h
坯料来源	JL-17		训练件去向	JL-19	

十九、攻螺纹

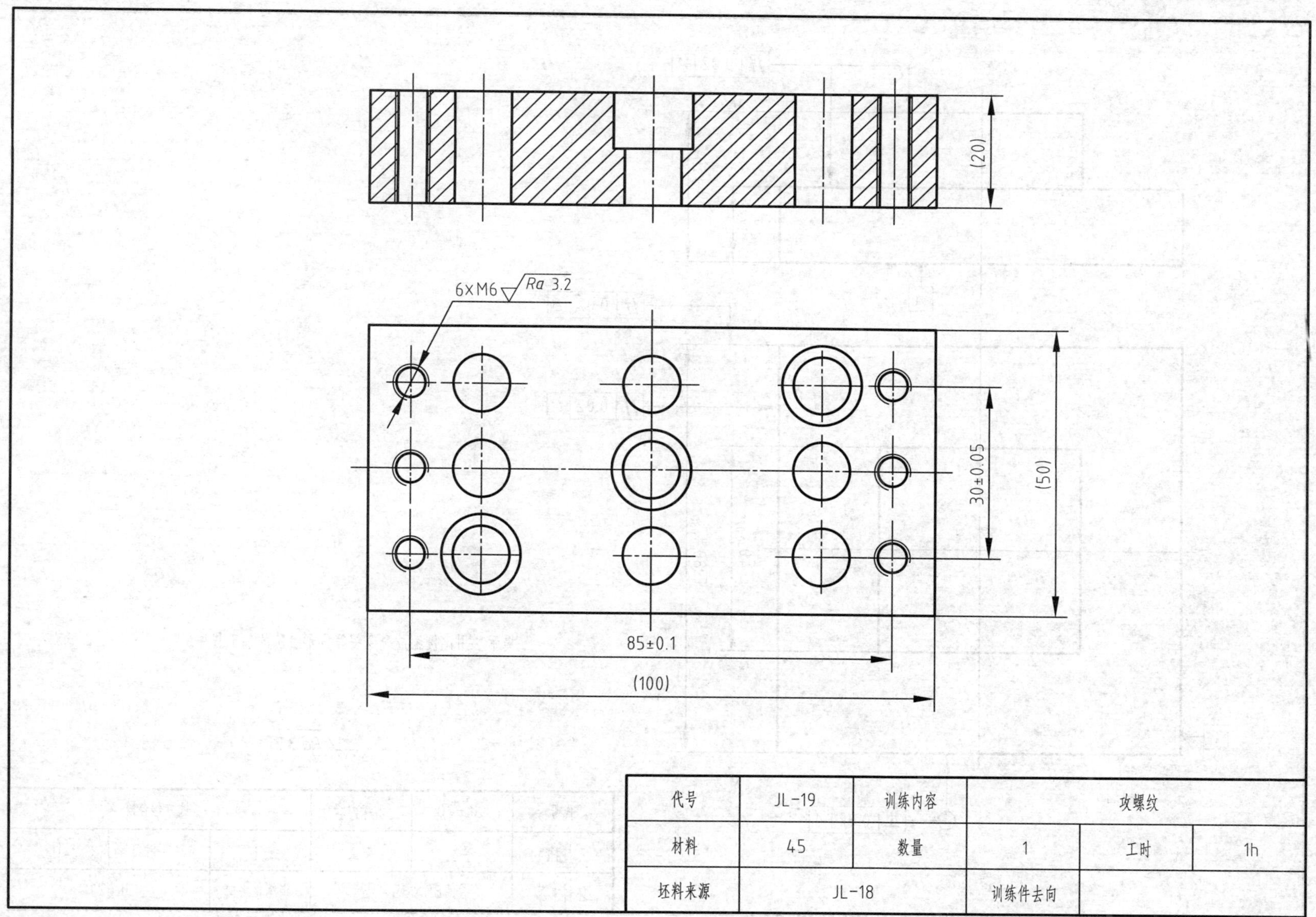

代号	JL-19	训练内容	攻螺纹		
材料	45	数量	1	工时	1h
坯料来源	JL-18		训练件去向		

二十、铣方形台阶

// 0.02 A
$30_{-0.021}^{0}$
$15_{-0.018}^{0}$
A
// 0.02 B
// 0.02 C
$□40_{-0.025}^{0}$
$□80_{-0.030}^{0}$
C
B
⊥ 0.02 A
提示：用比例缩放命令编写方形台阶的加工程序。
Ra 3.2
代号
JL-20
训练内容
铣方形台阶
材料
45
数量
1
工时
2h
坯料来源
锻件85×85×35
训练件去向
JL-21

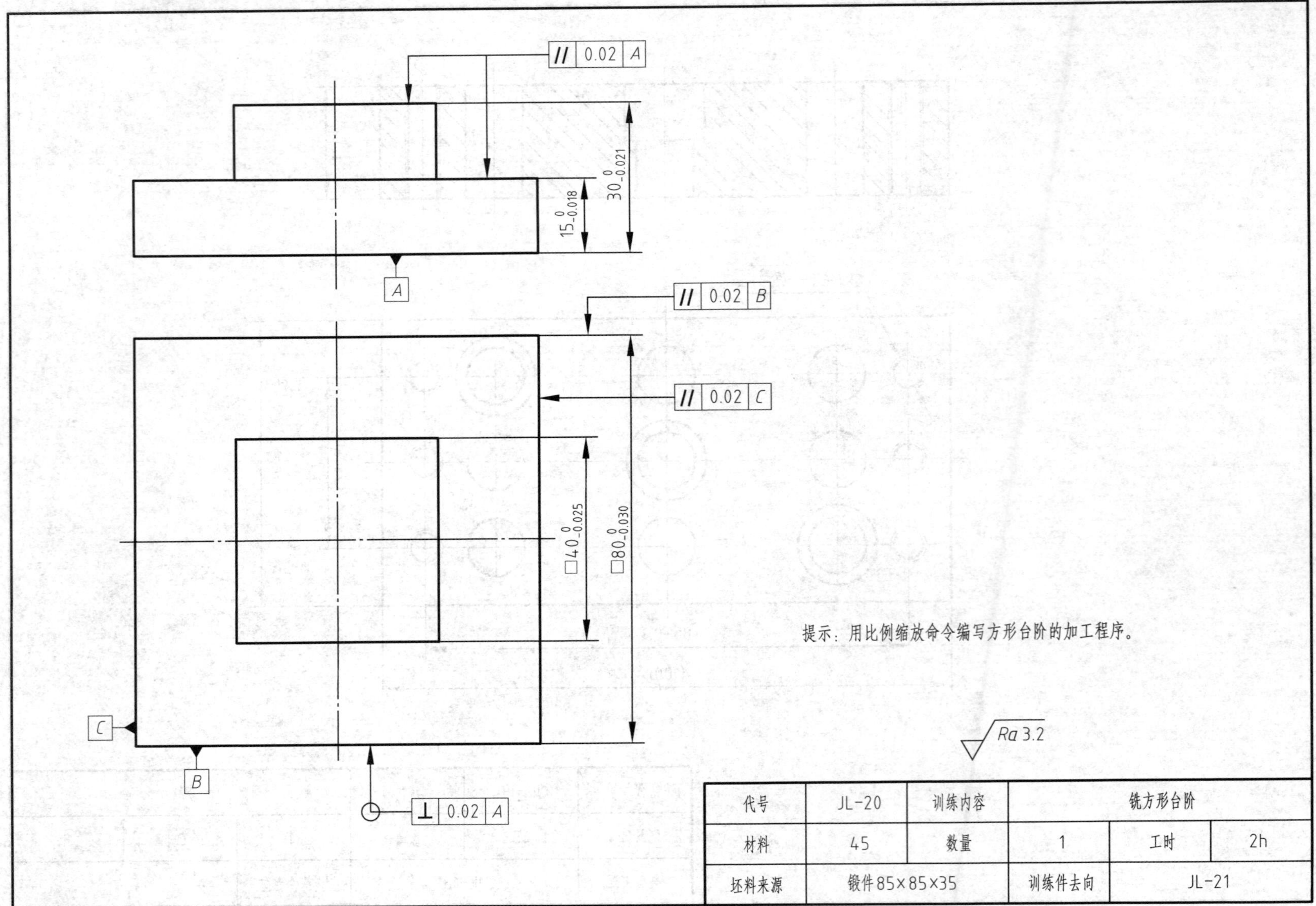

二十一、铣等腰直角三角形凸台

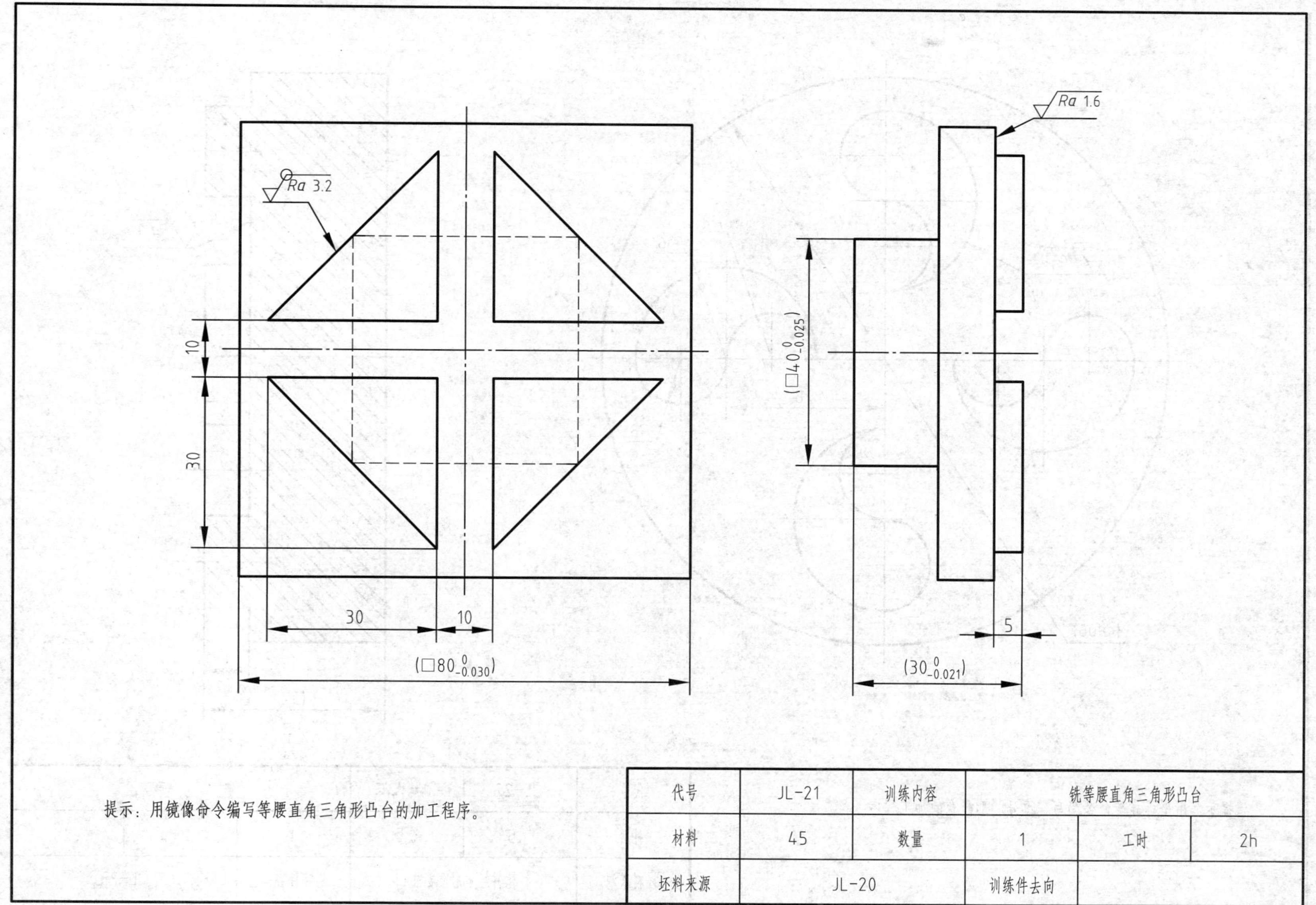

提示：用镜像命令编写等腰直角三角形凸台的加工程序。

代号	JL-21	训练内容	铣等腰直角三角形凸台		
材料	45	数量	1	工时	2h
坯料来源	JL-20		训练件去向		

二十二、铣“逗号”形凸台

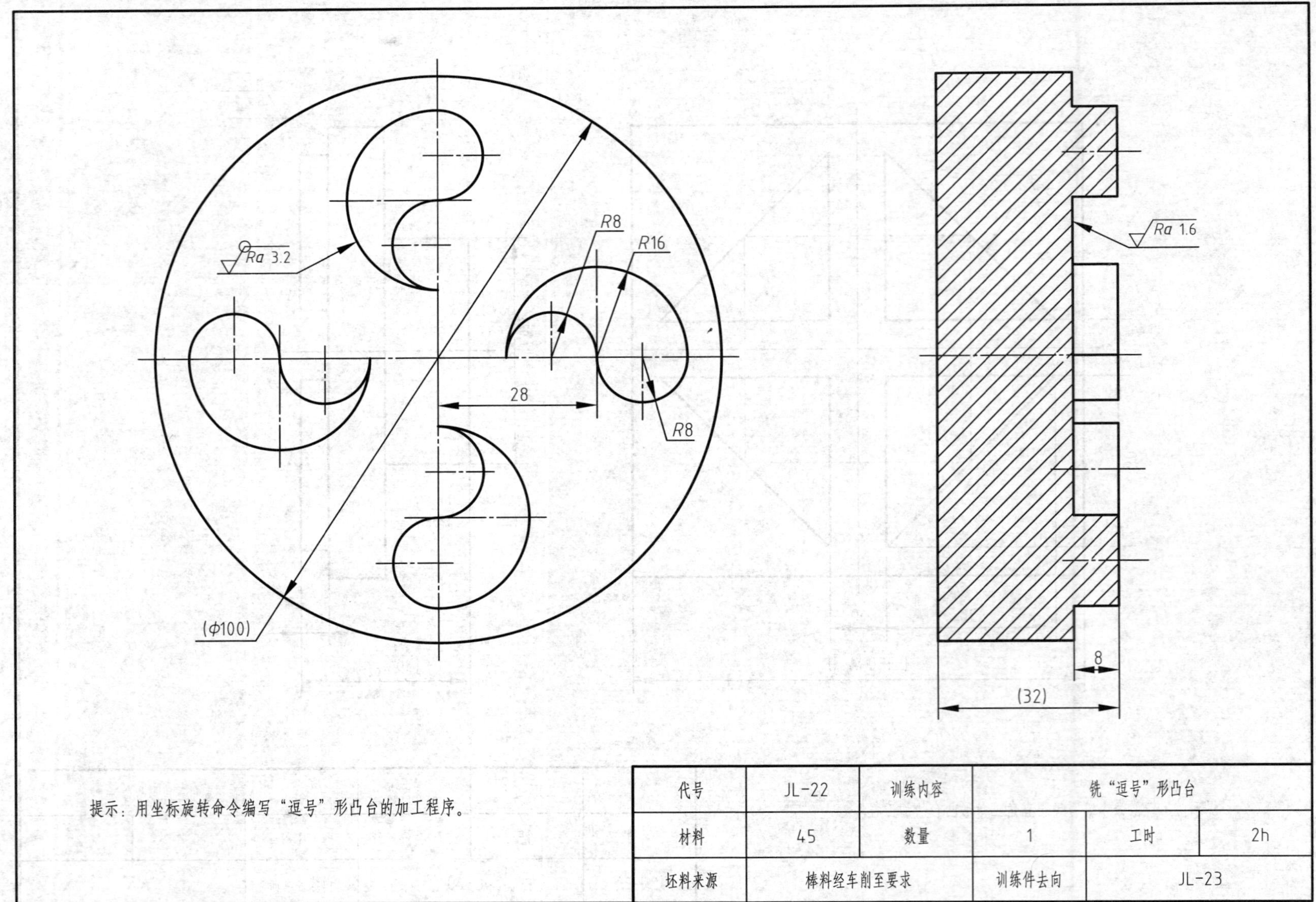

提示：用坐标旋转命令编写“逗号”形凸台的加工程序。

代号	JL-22	训练内容	铣“逗号”形凸台		
材料	45	数量	1	工时	2h
坯料来源	棒料经车削至要求		训练件去向	JL-23	

十八、加工凹模

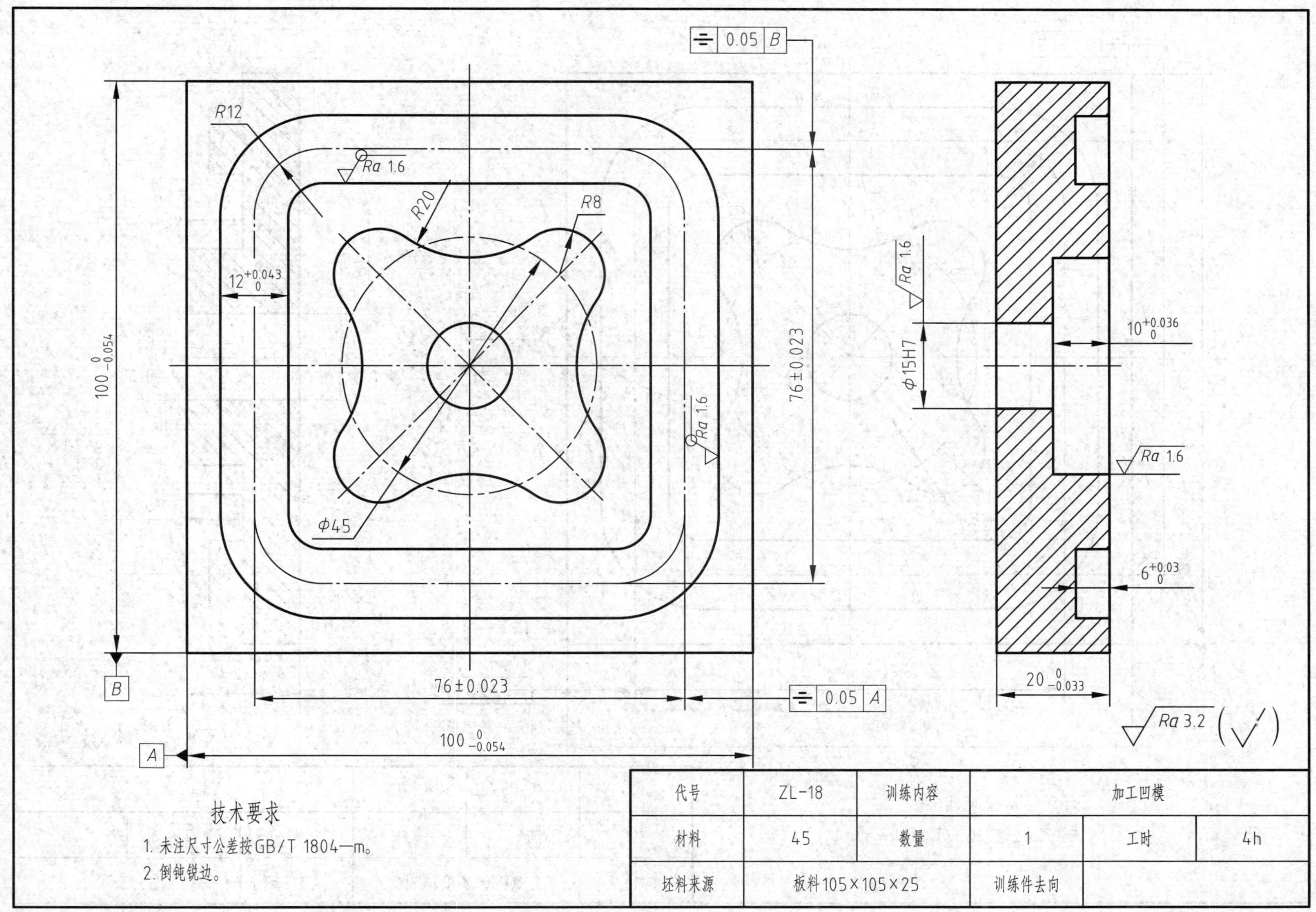

技术要求

1. 未注尺寸公差按GB/T 1804—m。
2. 倒钝锐边。

代号	ZL-18	训练内容	加工凹模		
材料	45	数量	1	工时	4h
坯料来源	板料105×105×25	训练件去向			

十九、加工凸模

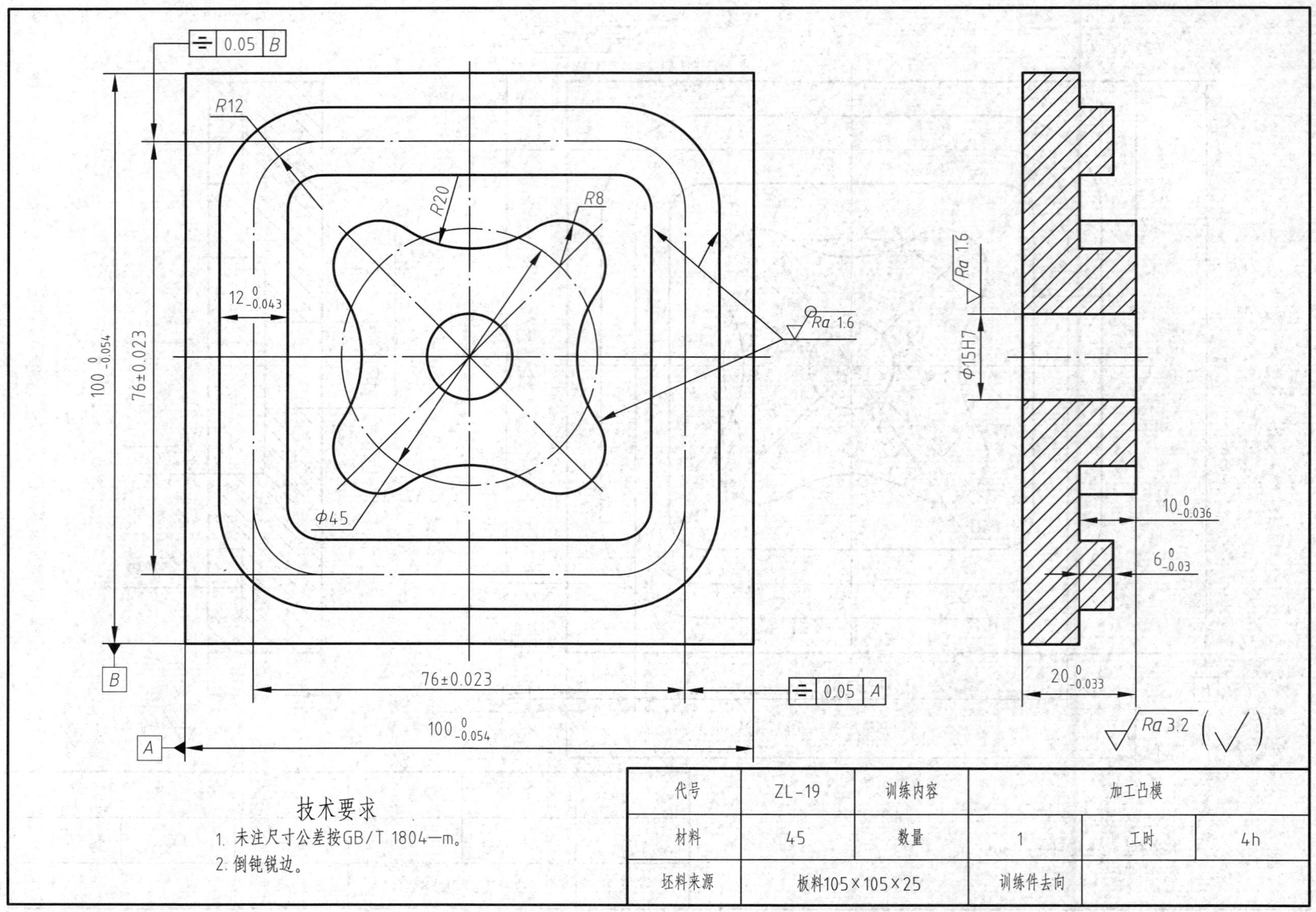

技术要求

1. 未注尺寸公差按GB/T 1804—m。
2. 倒钝锐边。

代号	ZL-19	训练内容	加工凸模		
材料	45	数量	1	工时	4h
坯料来源	板料105×105×25		训练件去向		

二十、加工定模板

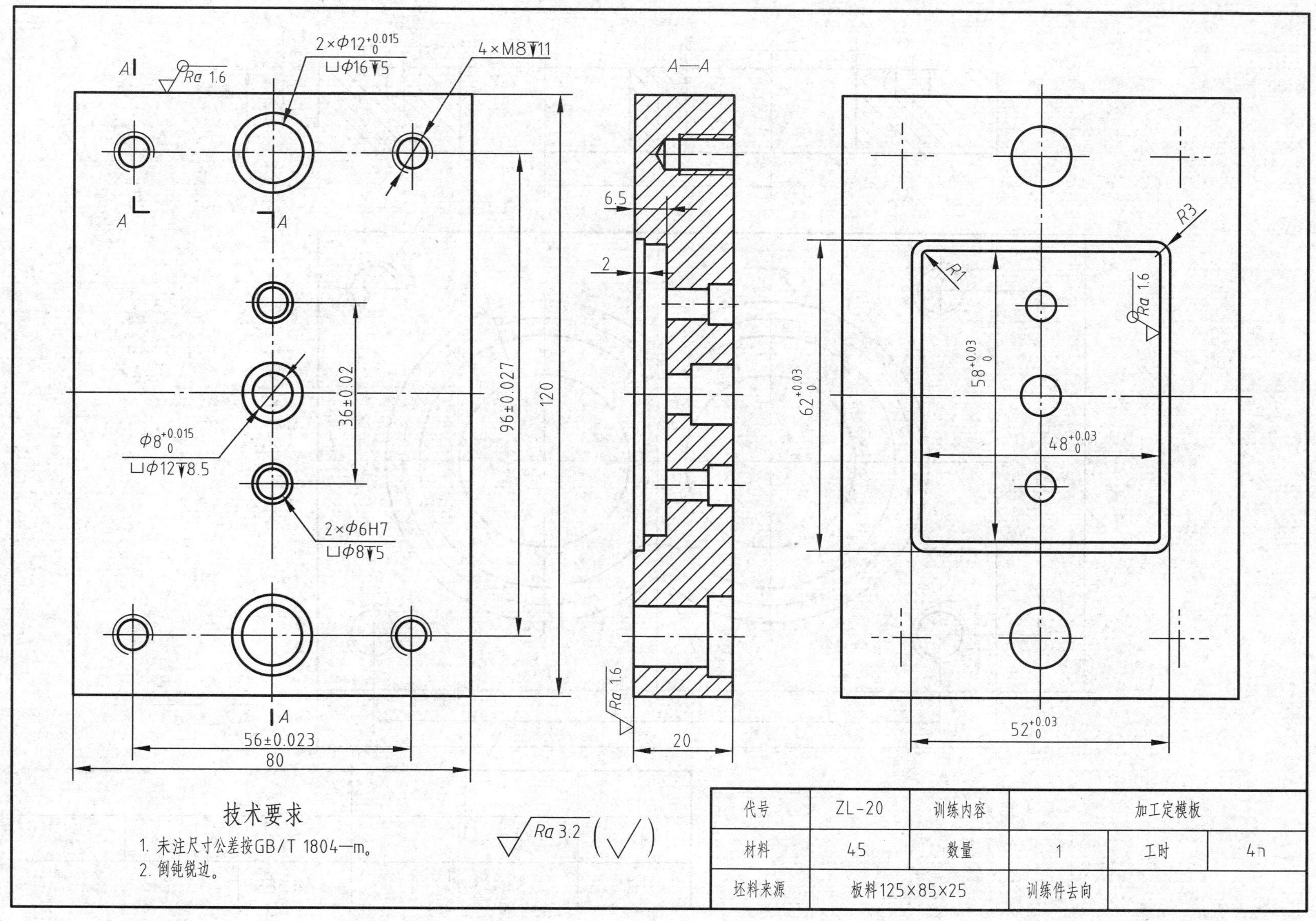

技术要求

1. 未注尺寸公差按GB/T 1804—m。
2. 倒钝锐边。

代号	ZL-20	训练内容	加工定模板		
材料	45	数量	1	工时	4h
坯料来源	板料125×85×25		训练件去向		

二十一、加工密封盖

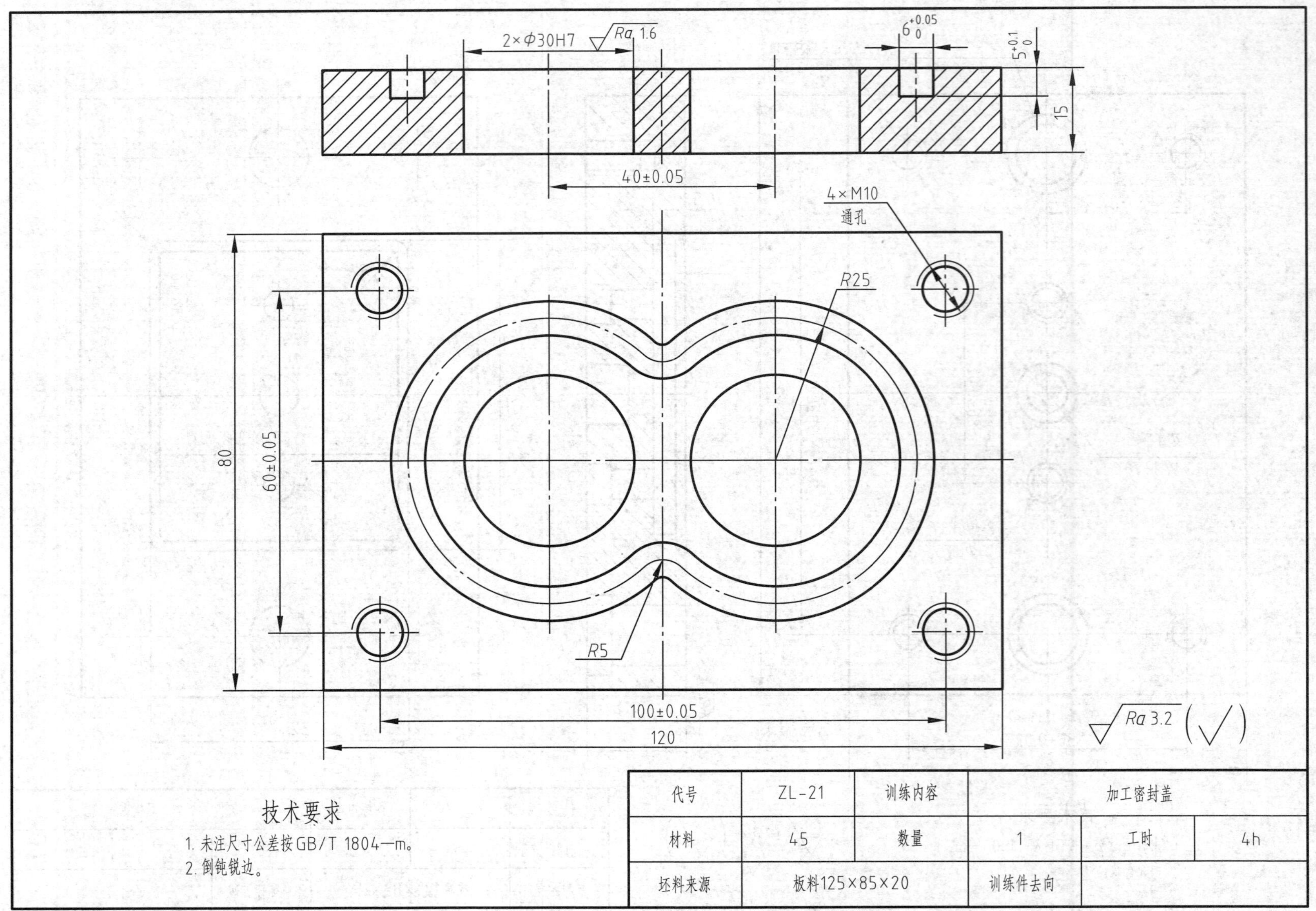

技术要求

1. 未注尺寸公差按GB/T 1804—m。
2. 倒钝锐边。

代号	ZL-21	训练内容	加工密封盖		
材料	45	数量	1	工时	4h
坯料来源	板料125×85×20	训练件去向			

二十二、加工样板

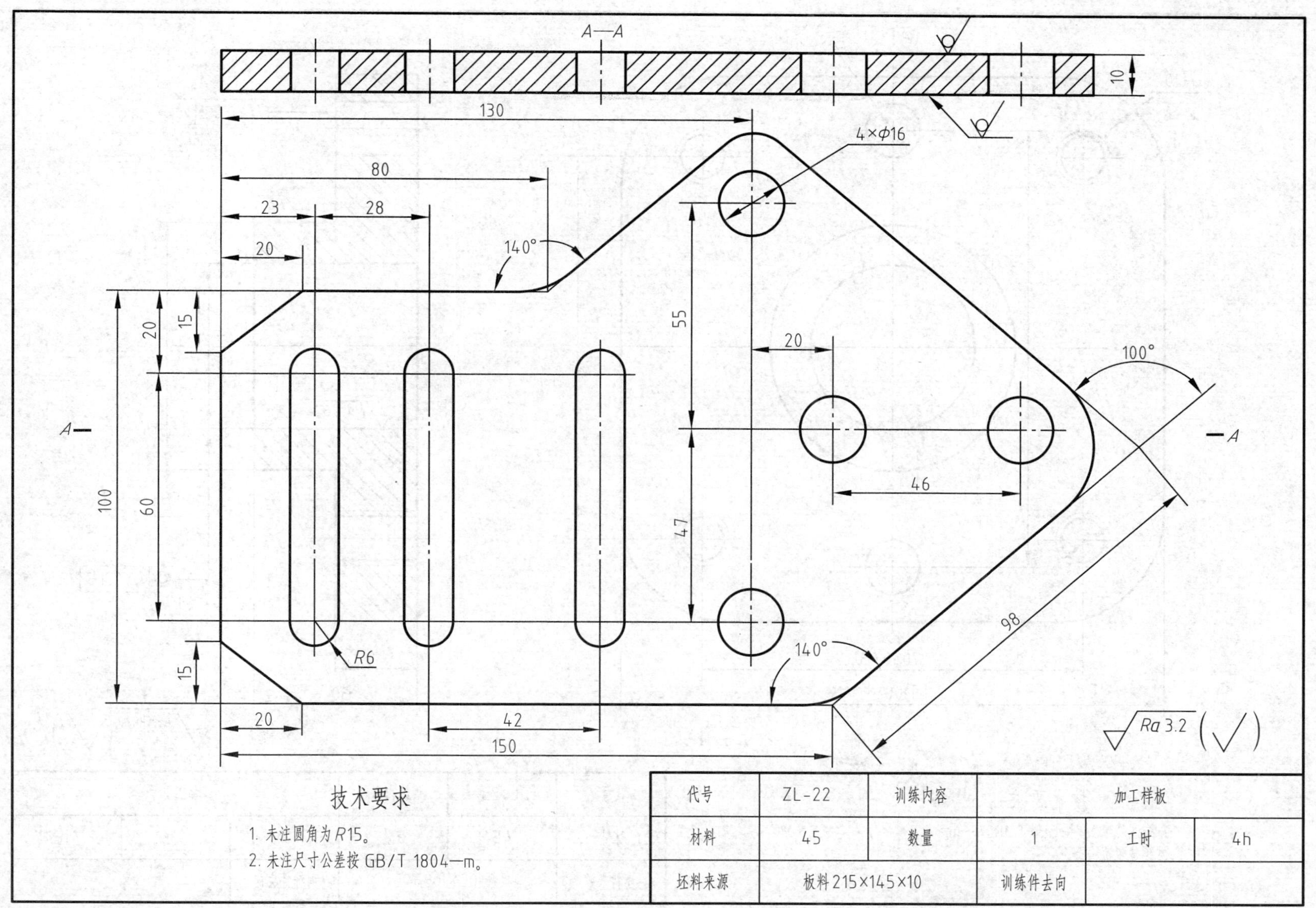

技术要求

1. 未注圆角为R15。
2. 未注尺寸公差按 GB/T 1804—m。

代号	ZL-22	训练内容	加工样板		
材料	45	数量	1	工时	4h
坯料来源	板料215×145×10		训练件去向		

二十三、加工支承座

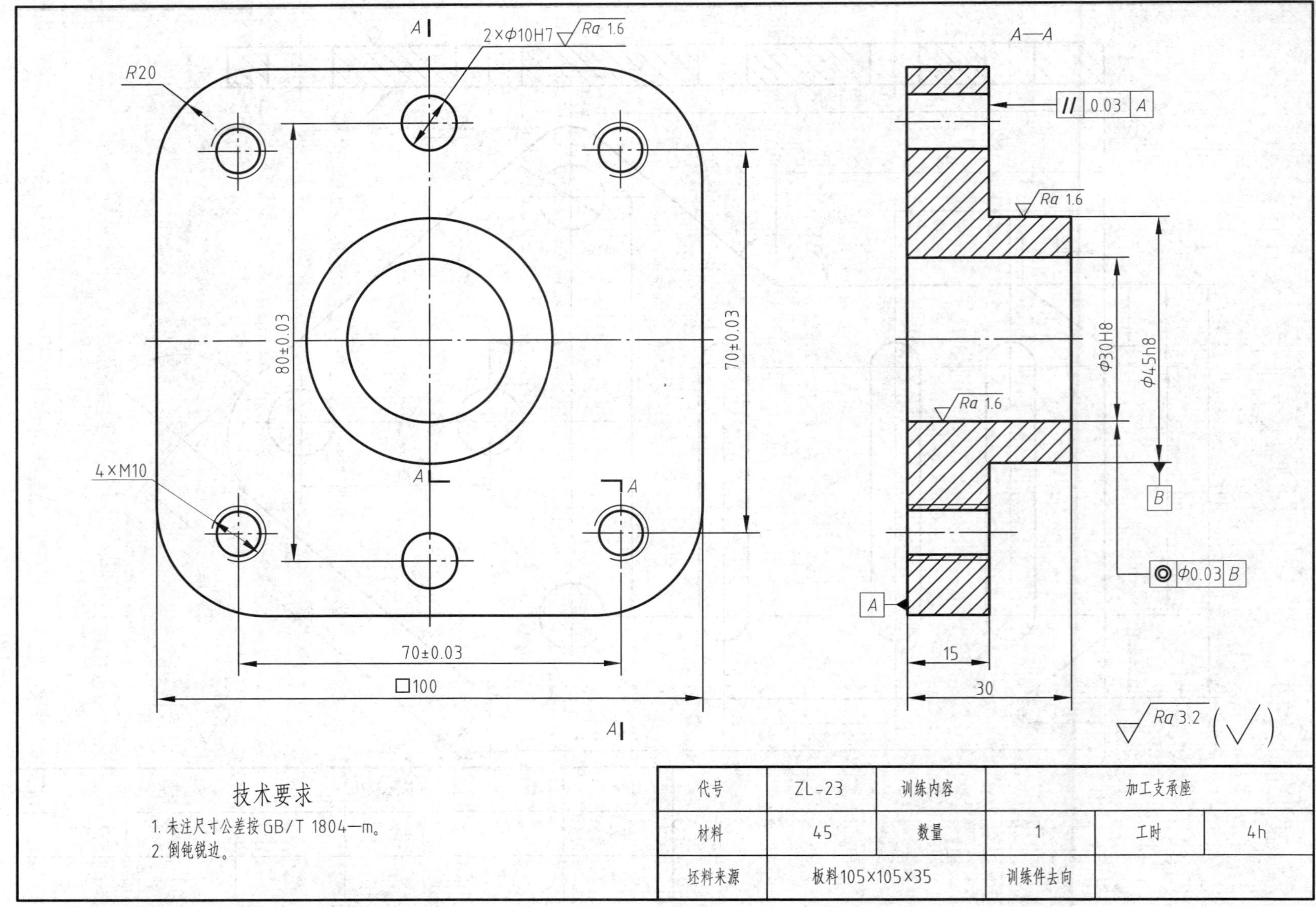

技术要求

1. 未注尺寸公差按 GB/T 1804—m。
2. 倒钝锐边。

代号	ZL-23	训练内容	加工支承座		
材料	45	数量	1	工时	4h
坯料来源	板料105×105×35	训练件去向			

二十四、加工网格孔板

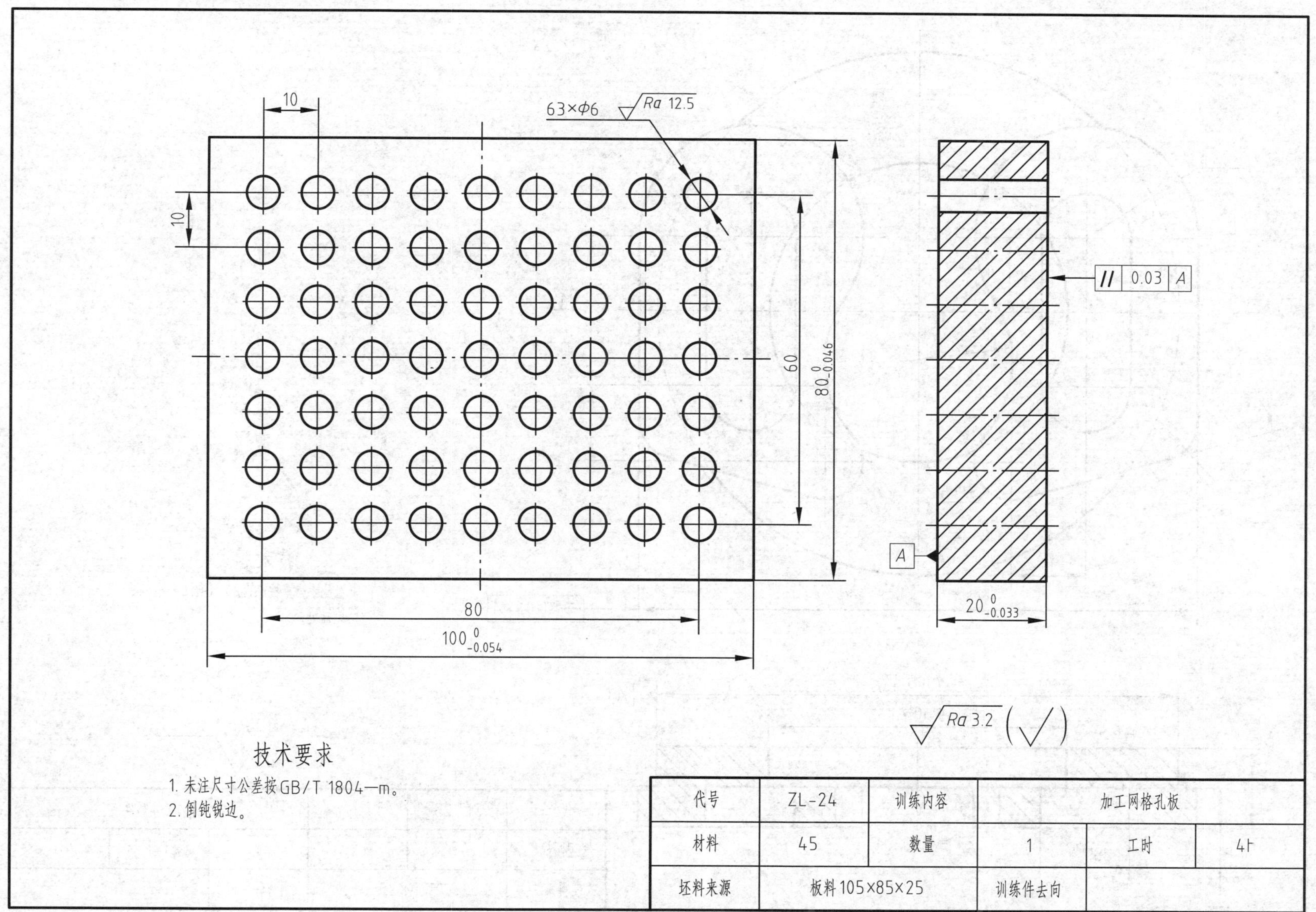

技术要求

1. 未注尺寸公差按GB/T 1804—m。
2. 倒钝锐边。

代号	ZL-24	训练内容	加工网格孔板		
材料	45	数量	1	工时	4h
坯料来源	板料105×85×25	训练件去向			

二十五、加工异形件

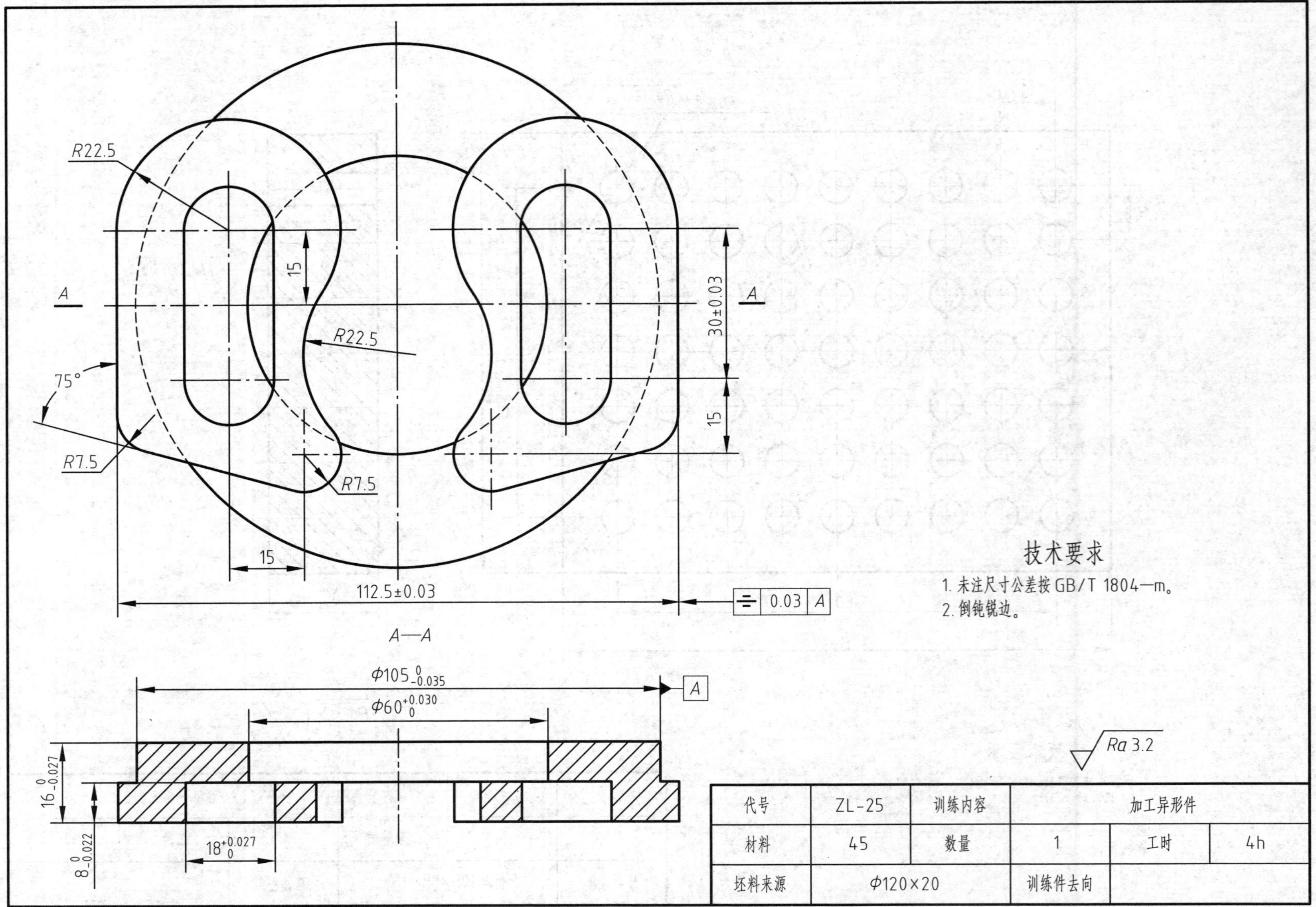

代号	ZL-25	训练内容	加工异形件		
材料	45	数量	1	工时	4h
坯料来源	Φ120×20		训练件去向		

鉴定考核篇

一、中级工职业技能鉴定考核应会试题 1

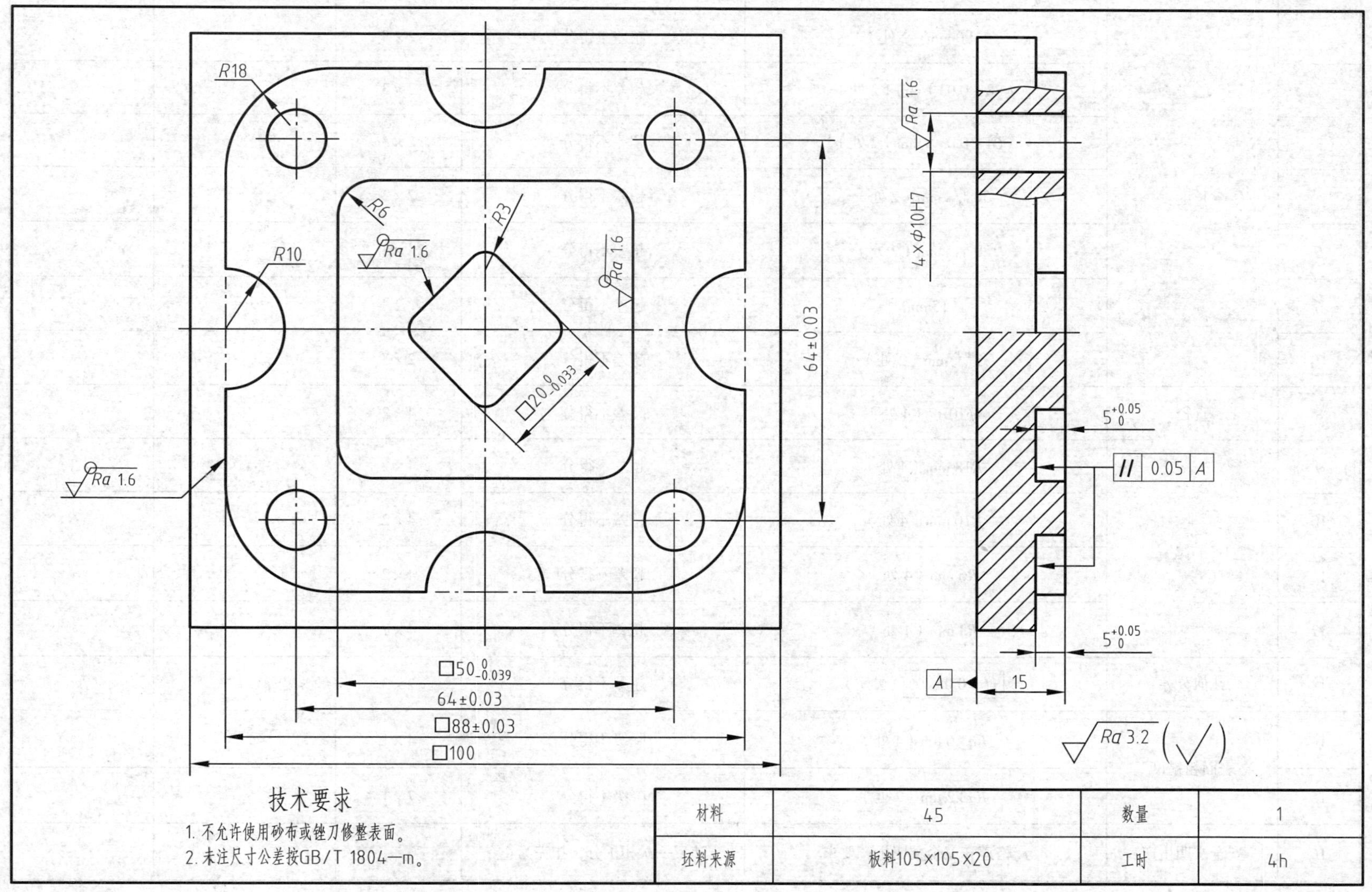

评分表		考件名称	中级工应会试题 1	检测编号		总分	
序号	考核项目	考核内容		评分标准	配分	检测记录	得分
1	长度	100 mm（2 处）		超差不得分	2×3		
2		（88 ± 0.03）mm（2 处）		超差不得分	2×3		
3		（64 ± 0.03）mm（2 处）		超差不得分	2×3		
4		$50_{-0.039}^{0}$ mm（2 处）		超差不得分	2×3		
5		$20_{-0.033}^{0}$ mm（2 处）		超差不得分	2×3		
6		15 mm		超差不得分	2		
7		$5_{0}^{+0.05}$ mm（2 处）		超差不得分	2×3		
8	直径	ϕ10H7（4 处）		超差不得分	4×2		
9	半径	R18 mm（4 处）		超差不得分	4×2		
10		R10 mm（4 处）		超差不得分	4×2		
11		R6 mm（4 处）		超差不得分	4×2		
12		R3 mm（4 处）		超差不得分	4×2		
13	几何公差	// 0.05 A （2 处）		超差不得分	2×3		
14	表面粗糙度	Ra1.6 μm（4 处）		降级不得分	4×1		
15		Ra3.2 μm（7 处）		降级不得分	7×1		
16	安全文明生产	严格遵守安全文明生产要求		违反一次扣 1 分，扣完为止	5		

二、中级工职业技能鉴定考核应会试题 2

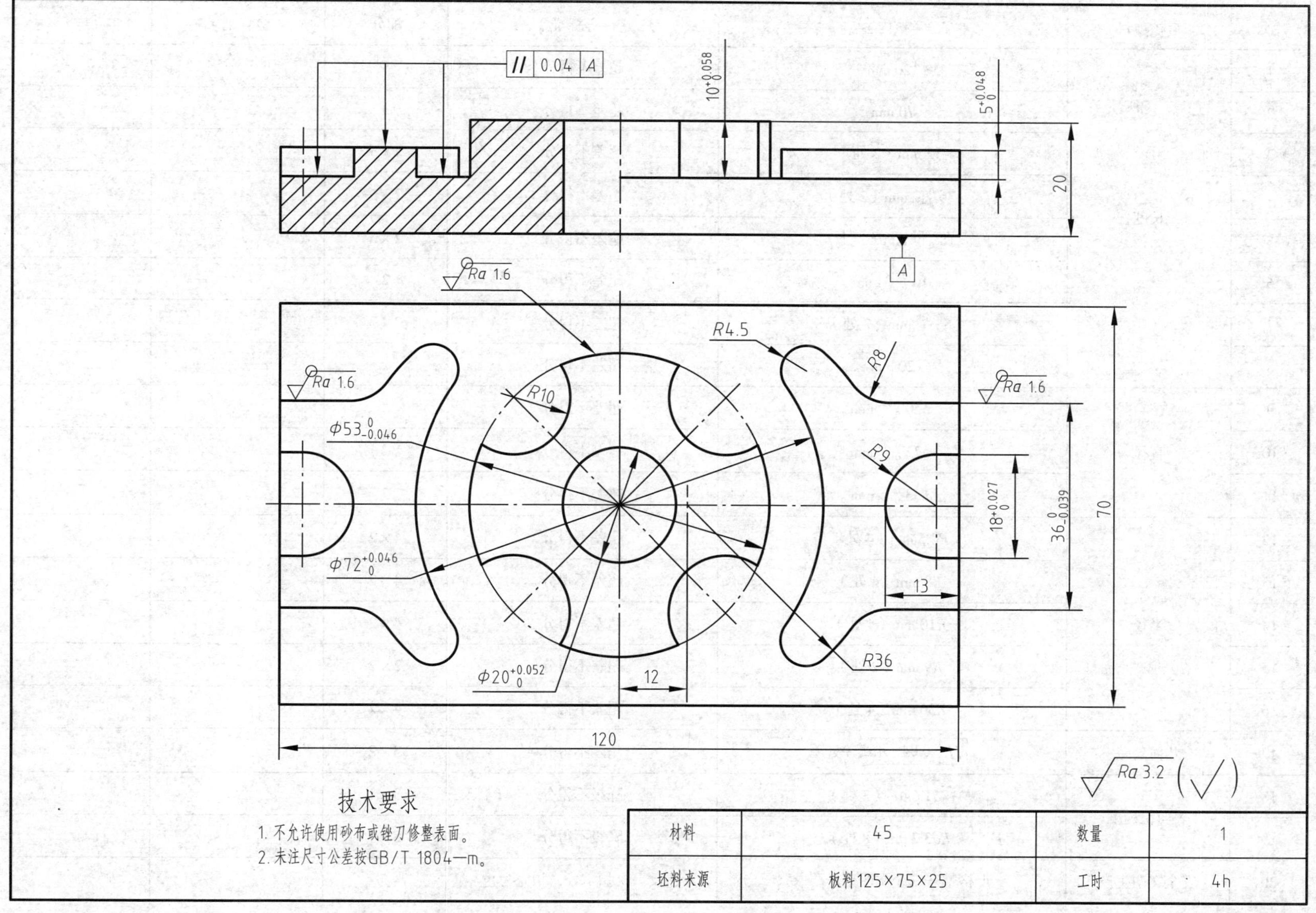

技术要求

1. 不允许使用砂布或锉刀修整表面。
2. 未注尺寸公差按GB/T 1804—m。

材料	45	数量	1
坯料来源	板料125×75×25	工时	4h

评分表		考件名称	中级工应会试题 2	检测编号		总分	
序号	考核项目	考核内容		评分标准	配分	检测记录	得分
1	长度	120 mm		超差不得分	3		
2		70 mm		超差不得分	3		
3		13 mm（2 处）		超差不得分	2×3		
4		$36_{-0.039}^{0}$ mm（2 处）		超差不得分	2×3		
5		$18_{0}^{+0.027}$ mm（2 处）		超差不得分	2×3		
6		$10_{0}^{+0.058}$ mm		超差不得分	2		
7		$5_{0}^{+0.048}$ mm（2 处）		超差不得分	2×3		
8		20 mm		超差不得分	2		
9	直径	$\phi 20_{0}^{+0.052}$ mm		超差不得分	3		
10		$\phi 72_{0}^{+0.046}$ mm		超差不得分	2		
11		$\phi 53_{-0.046}^{0}$ mm		超差不得分	3		
12	半径	R4.5 mm（4 处）		超差不得分	4×2		
13		R8 mm（4 处）		超差不得分	4×2		
14		R10 mm（4 处）		超差不得分	4×2		
15		R9 mm（2 处）		超差不得分	2×2		
16		R36 mm（4 处）		超差不得分	4×2		
17	几何公差	// 0.04 A（3 处）		超差不得分	3×2		
18	表面粗糙度	Ra1.6 μm（3 处）		降级不得分	3×1		
19		Ra3.2 μm（8 处）		降级不得分	8×1		
20	安全文明生产	严格遵守安全文明生产要求		违反一次扣 1 分，扣完为止	5		

三、中级工职业技能鉴定考核应会试题 3

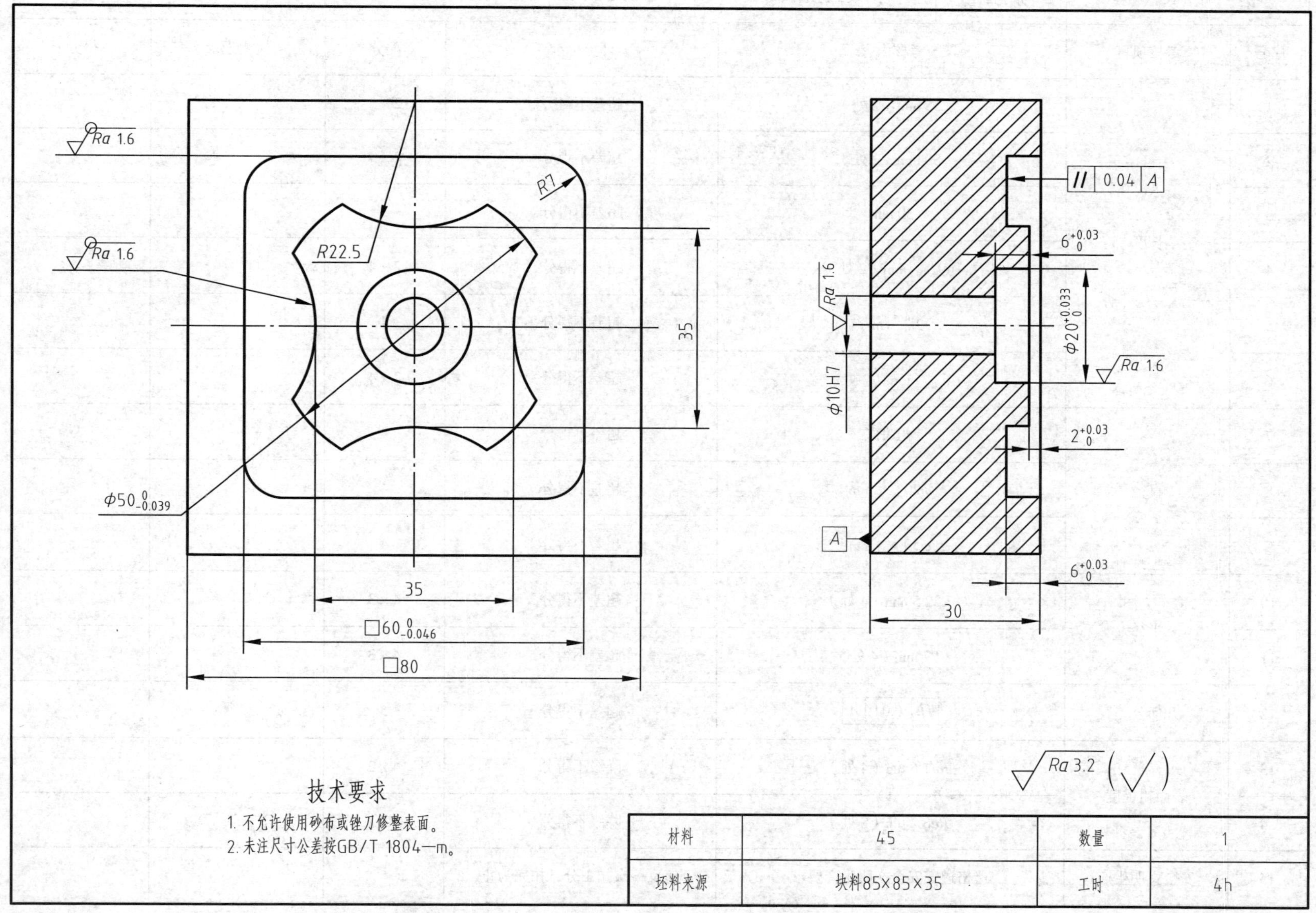

技术要求

1. 不允许使用砂布或锉刀修整表面。
2. 未注尺寸公差按GB/T 1804—m。

材料	45	数量	1
坯料来源	块料85×85×35	工时	4h

评分表		考件名称	中级工应会试题 3	检测编号		总分	
序号	考核项目	考核内容		评分标准	配分	检测记录	得分
1	长度	35 mm（2 处）		超差不得分	2 × 3		
2		80 mm（2 处）		超差不得分	2 × 4		
3		30 mm		超差不得分	4		
4		$60_{-0.046}^{0}$ mm（2 处）		超差不得分	2 × 4		
5		$2_{0}^{+0.03}$ mm		超差不得分	4		
6		$6_{0}^{+0.03}$ mm（2 处）		超差不得分	2 × 4		
7	直径	ϕ10H7		超差不得分	4		
8		$\phi 20_{0}^{+0.033}$ mm		超差不得分	4		
9		$\phi 50_{-0.039}^{0}$ mm		超差不得分	4		
10	半径	R22.5 mm（4 处）		超差不得分	4 × 3		
11		R7 mm（4 处）		超差不得分	4 × 3		
12	几何公差	// 0.04 A		超差不得分	5		
13	表面粗糙度	Ra1.6 μm（4 处）		降级不得分	4 × 2		
14		Ra3.2 μm（8 处）		降级不得分	8 × 1		
15	安全文明生产	严格遵守安全文明生产要求		违反一次扣 1 分，扣完为止	5		

四、中级工职业技能鉴定考核应会试题 4

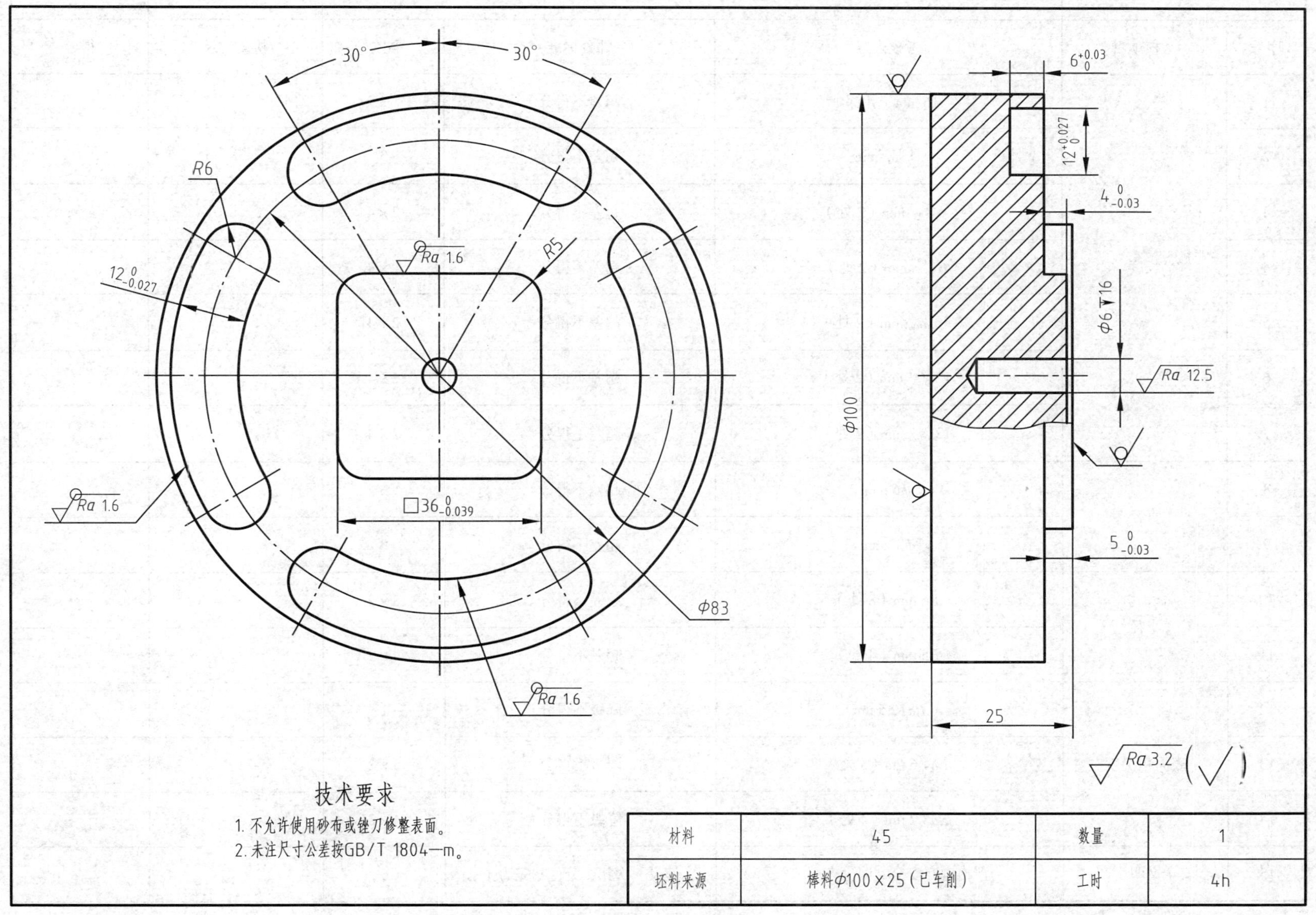

技术要求

1. 不允许使用砂布或锉刀修整表面。
2. 未注尺寸公差按GB/T 1804—m。

材料	45	数量	1
坯料来源	棒料Φ100×25（已车削）	工时	4h

评分表		考件名称	中级工应会试题 4	检测编号		总分	
序号	考核项目	考核内容		评分标准	配分	检测记录	得分
1	长度	16 mm（孔深）		超差不得分	3		
2		$4_{-0.03}^{0}$ mm		超差不得分	3		
3		$5_{-0.03}^{0}$ mm（2 处）		超差不得分	2×4		
4		$6_{0}^{+0.03}$ mm（2 处）		超差不得分	2×4		
5		$36_{-0.039}^{0}$ mm（2 处）		超差不得分	2×4		
6		$12_{0}^{+0.027}$ mm（2 处）		超差不得分	2×4		
7		$12_{-0.027}^{0}$ mm（2 处）		超差不得分	2×4		
8	直径	$\phi6$ mm		超差不得分	3		
9		$\phi83$ mm		超差不得分	3		
10	半径	$R6$ mm（8 处）		超差不得分	8×2		
11		$R5$ mm（4 处）		超差不得分	4×2		
12	表面粗糙度	$Ra12.5$ μm		降级不得分	1		
13		$Ra1.6$ μm（5 处）		降级不得分	5×2		
14		$Ra3.2$ μm（4 处）		降级不得分	4×2		
15	安全文明生产	严格遵守安全文明生产要求		违反一次扣 1 分，扣完为止	5		

五、中级工职业技能鉴定考核应会试题 5

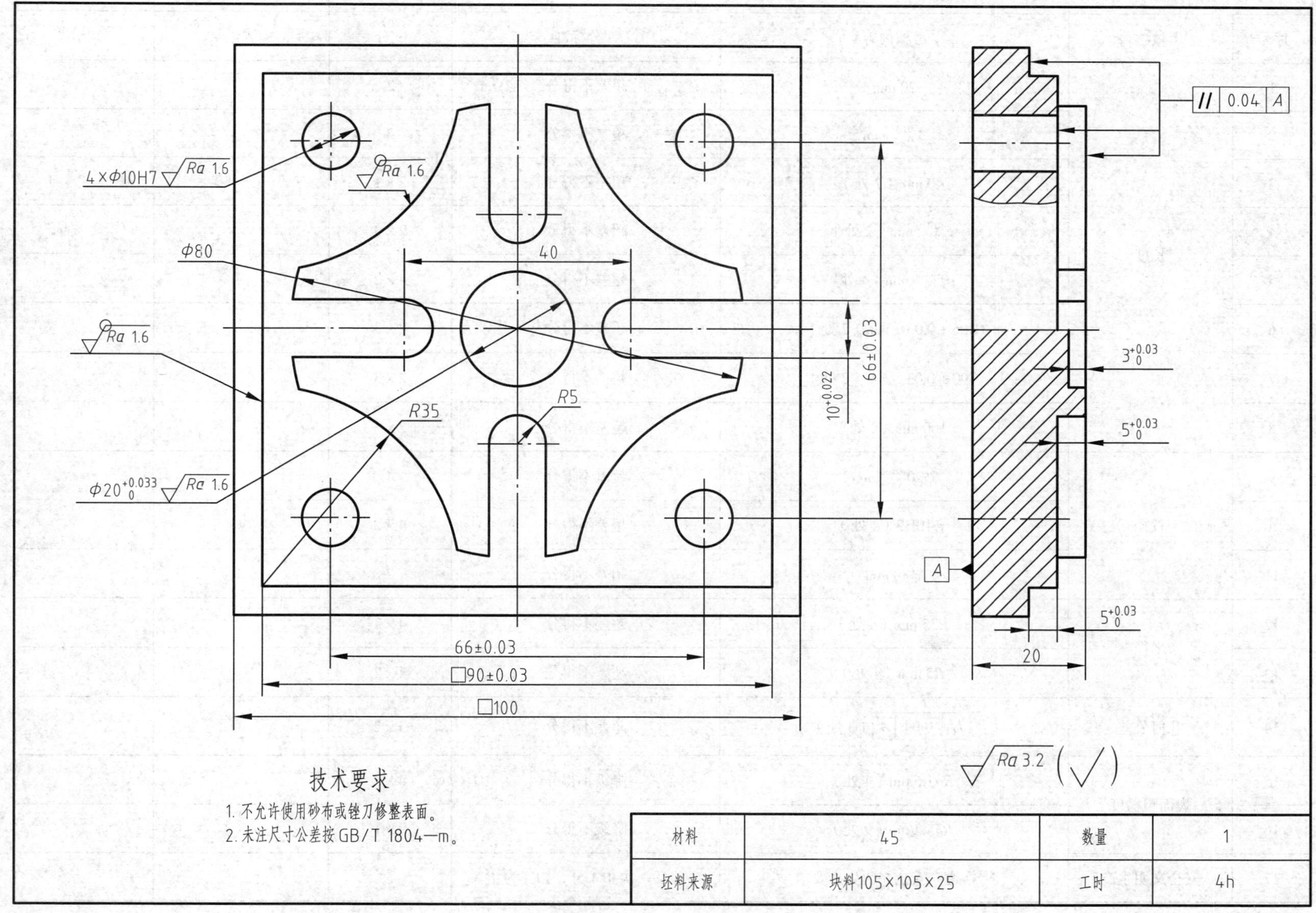

技术要求

1. 不允许使用砂布或锉刀修整表面。
2. 未注尺寸公差按GB/T 1804—m。

材料	45	数量	1
坯料来源	块料105×105×25	工时	4h

<table>
<tr><td colspan="2">评分表</td><td>考件名称</td><td colspan="2">中级工应会试题 5</td><td colspan="2">检测编号</td><td>总分</td><td></td></tr>
<tr><td>序号</td><td>考核项目</td><td colspan="2">考核内容</td><td colspan="2">评分标准</td><td>配分</td><td>检测记录</td><td>得分</td></tr>
<tr><td>1</td><td rowspan="8">长度</td><td colspan="2">20 mm</td><td colspan="2">超差不得分</td><td>2</td><td></td><td></td></tr>
<tr><td>2</td><td colspan="2">$3^{+0.03}_{0}$ mm</td><td colspan="2">超差不得分</td><td>2</td><td></td><td></td></tr>
<tr><td>3</td><td colspan="2">40 mm（2 处）</td><td colspan="2">超差不得分</td><td>2×1</td><td></td><td></td></tr>
<tr><td>4</td><td colspan="2">$5^{+0.03}_{0}$ mm（2 处）</td><td colspan="2">超差不得分</td><td>2×3</td><td></td><td></td></tr>
<tr><td>5</td><td colspan="2">$10^{+0.022}_{0}$ mm（4 处）</td><td colspan="2">超差不得分</td><td>4×2</td><td></td><td></td></tr>
<tr><td>6</td><td colspan="2">（66 ± 0.03）mm（2 处）</td><td colspan="2">超差不得分</td><td>2×3</td><td></td><td></td></tr>
<tr><td>7</td><td colspan="2">（90 ± 0.03）mm（2 处）</td><td colspan="2">超差不得分</td><td>2×3</td><td></td><td></td></tr>
<tr><td>8</td><td colspan="2">100 mm（2 处）</td><td colspan="2">超差不得分</td><td>2×3</td><td></td><td></td></tr>
<tr><td>9</td><td rowspan="3">直径</td><td colspan="2">$\phi 20^{+0.033}_{0}$ mm</td><td colspan="2">超差不得分</td><td>4</td><td></td><td></td></tr>
<tr><td>10</td><td colspan="2">ϕ10H7（4 处）</td><td colspan="2">超差不得分</td><td>4×2</td><td></td><td></td></tr>
<tr><td>11</td><td colspan="2">ϕ80 mm</td><td colspan="2">超差不得分</td><td>2</td><td></td><td></td></tr>
<tr><td>12</td><td rowspan="2">半径</td><td colspan="2">R35 mm（4 处）</td><td colspan="2">超差不得分</td><td>4×3</td><td></td><td></td></tr>
<tr><td>13</td><td colspan="2">R5 mm（4 处）</td><td colspan="2">超差不得分</td><td>4×2</td><td></td><td></td></tr>
<tr><td>14</td><td>几何公差</td><td colspan="2">// 0.04 A（3 处）</td><td colspan="2">超差不得分</td><td>3×2</td><td></td><td></td></tr>
<tr><td>15</td><td rowspan="2">表面粗糙度</td><td colspan="2">Ra1.6 μm（4 处）</td><td colspan="2">降级不得分</td><td>4×2</td><td></td><td></td></tr>
<tr><td>16</td><td colspan="2">Ra3.2 μm（9 处）</td><td colspan="2">降级不得分</td><td>9×1</td><td></td><td></td></tr>
<tr><td>17</td><td>安全文明生产</td><td colspan="2">严格遵守安全文明生产要求</td><td colspan="2">违反一次扣 1 分，扣完为止</td><td>5</td><td></td><td></td></tr>
</table>

六、中级工职业技能鉴定考核应会试题 6

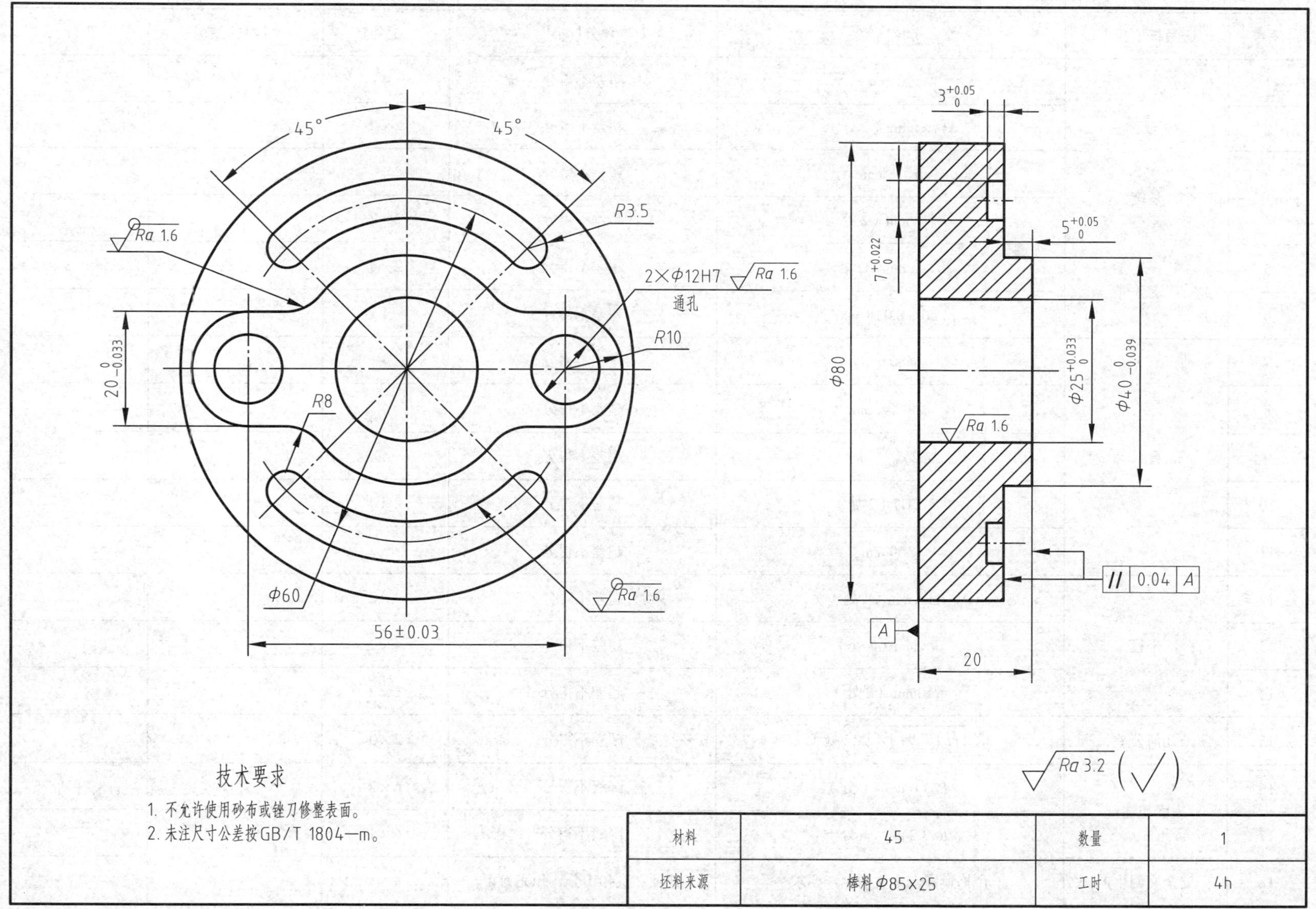

技术要求

1. 不允许使用砂布或锉刀修整表面。
2. 未注尺寸公差按GB/T 1804—m。

材料	45	数量	1
坯料来源	棒料Φ85×25	工时	4h

评分表		考件名称	中级工应会试题 6	检测编号	.	总分	
序号	考核项目	考核内容		评分标准	配分	检测记录	得分
1	长度	20 mm		超差不得分	4		
2		$3^{+0.05}_{0}$ mm（2 处）		超差不得分	2×2		
3		$5^{+0.05}_{0}$ mm		超差不得分	4		
4		$7^{+0.022}_{0}$ mm（2 处）		超差不得分	2×2		
5		$20^{0}_{-0.033}$ mm（2 处）		超差不得分	2×4		
6		（56±0.03）mm		超差不得分	4		
7	直径	ϕ80 mm		超差不得分	4		
8		$\phi40^{0}_{-0.039}$ mm		超差不得分	4		
9		$\phi25^{+0.033}_{0}$ mm		超差不得分	4		
10		ϕ12H7（2 处）		超差不得分	2×4		
11		ϕ60 mm		超差不得分	3		
12	半径	R3.5 mm（4 处）		超差不得分	4×2		
13		R8 mm（4 处）		超差不得分	4×2		
14		R10 mm（2 处）		超差不得分	2×2		
15	几何公差	// 0.04 A（2 处）		超差不得分	2×3		
16	表面粗糙度	Ra1.6 μm（6 处）		降级不得分	6×2		
17		Ra3.2 μm（6 处）		降级不得分	6×1		
18	安全文明生产	严格遵守安全文明生产要求		违反一次扣 1 分，扣完为止	5		

七、中级工职业技能鉴定考核应会试题 7

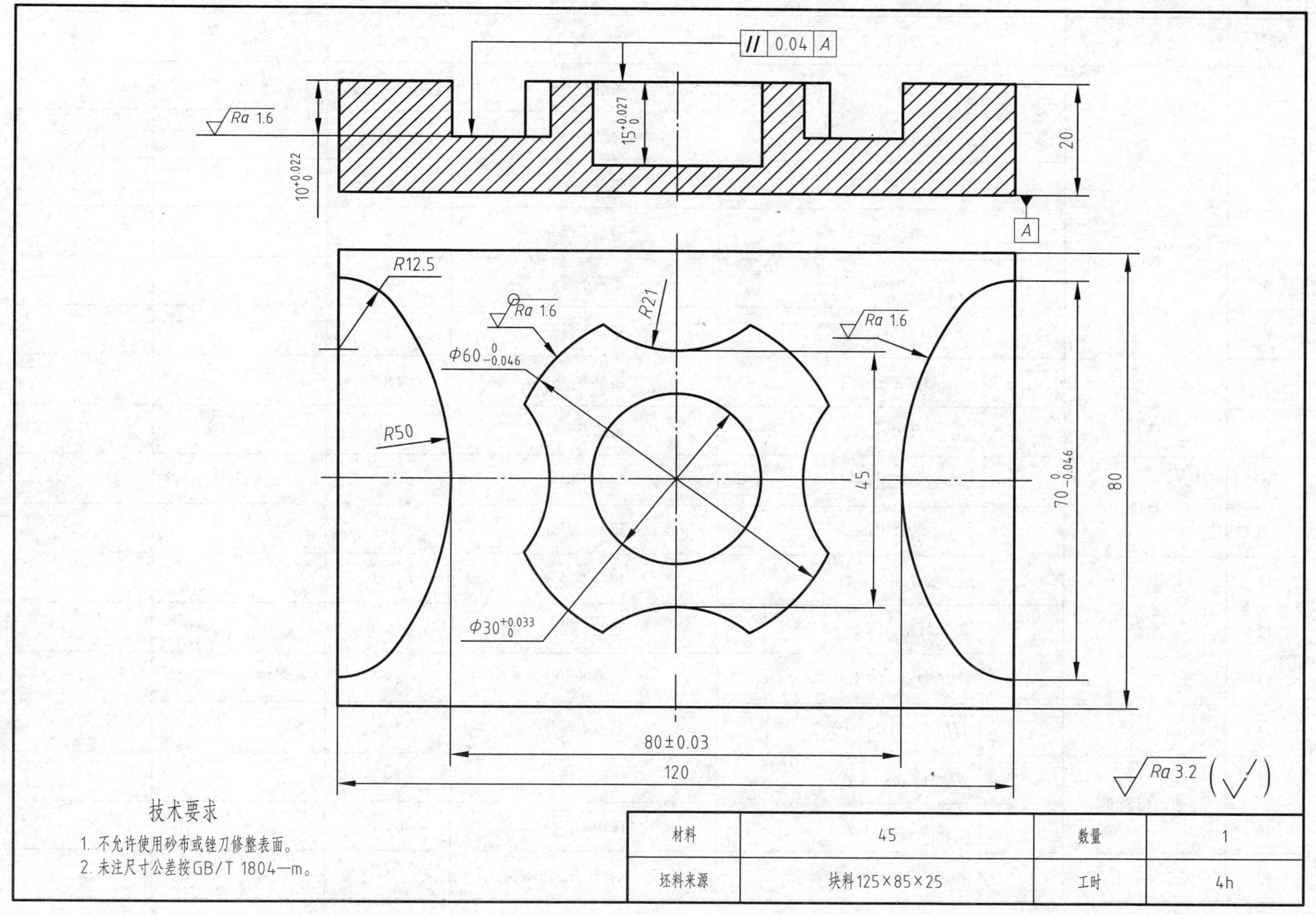

技术要求

1. 不允许使用砂布或锉刀修整表面。
2. 未注尺寸公差按GB/T 1804—m。

材料	45	数量	1
坯料来源	块料125×85×25	工时	4h

评分表	考件名称	中级工应会试题 7	检测编号		总分	
序号	考核项目	考核内容	评分标准	配分	检测记录	得分
1	长度	20 mm	超差不得分	4		
2		$10^{+0.022}_{0}$ mm	超差不得分	4		
3		$15^{+0.027}_{0}$ mm	超差不得分	4		
4		$70^{0}_{-0.046}$ mm	超差不得分	4		
5		80 mm	超差不得分	4		
6		（80 ± 0.03）mm	超差不得分	4		
7		45 mm（2 处）	超差不得分	2 × 4		
8		120 mm	超差不得分	3		
9	直径	$\phi60^{0}_{-0.046}$ mm	超差不得分	4		
10		$\phi30^{+0.033}_{0}$ mm	超差不得分	4		
11	半径	R12.5 mm（4 处）	超差不得分	4 × 3		
12		R21 mm（4 处）	超差不得分	4 × 3		
13		R50 mm（2 处）	超差不得分	2 × 4		
14	几何公差	// 0.04 A（2 处）	超差不得分	2 × 3		
15	表面粗糙度	Ra1.6 μm（4 处）	降级不得分	4 × 2		
16		Ra3.2 μm（6 处）	降级不得分	6 × 1		
17	安全文明生产	严格遵守安全文明生产要求	违反一次扣 1 分，扣完为止	5		

八、中级工职业技能鉴定考核应会试题 8

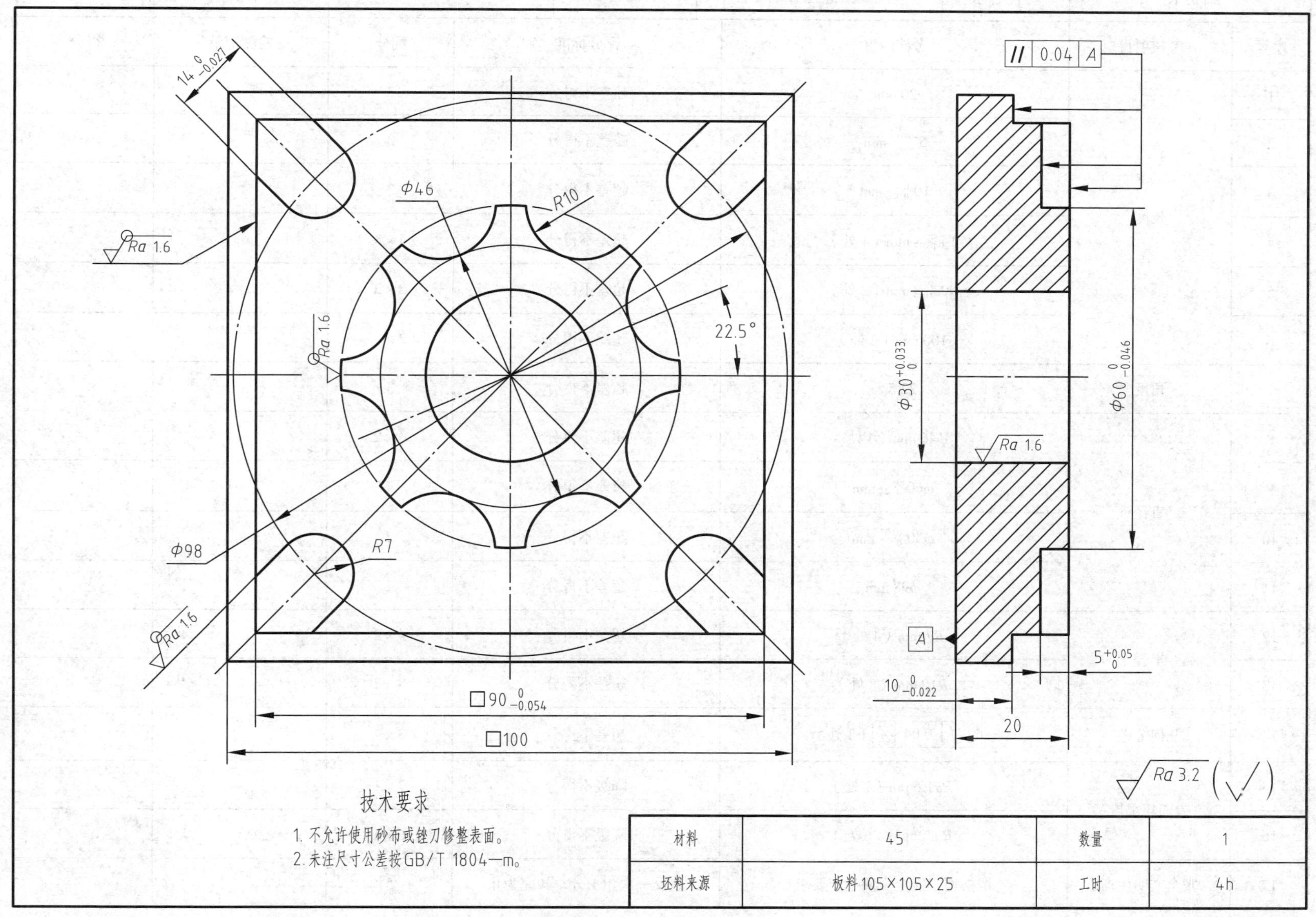

技术要求

1. 不允许使用砂布或锉刀修整表面。
2. 未注尺寸公差按GB/T 1804—m。

材料	45	数量	1
坯料来源	板料105×105×25	工时	4h

评分表		考件名称	中级工应会试题 8	检测编号		总分	
序号	考核项目	考核内容		评分标准	配分	检测记录	得分
1	长度	20 mm		超差不得分	3		
2		$5^{+0.05}_{0}$ mm		超差不得分	3		
3		$10^{0}_{-0.022}$ mm		超差不得分	3		
4		$14^{0}_{-0.027}$ mm（4 处）		超差不得分	4 × 3		
5		$90^{0}_{-0.054}$ mm（2 处）		超差不得分	2 × 3		
6		100 mm（2 处）		超差不得分	2 × 3		
7	角度	22.5°		超差不得分	3		
8	直径	ϕ46 mm（4 处）		超差不得分	4 × 2		
9		$\phi 60^{0}_{-0.046}$ mm		超差不得分	4		
10		$\phi 30^{+0.033}_{0}$ mm		超差不得分	2		
11		ϕ98 mm		超差不得分	2		
12	半径	*R*7 mm（4 处）		超差不得分	4 × 2		
13		*R*10 mm（8 处）		超差不得分	8 × 2		
14	几何公差	// 0.04 *A*（3 处）		超差不得分	3 × 2		
15	表面粗糙度	*Ra*1.6 μm（7 处）		降级不得分	7 × 1		
16		*Ra*3.2 μm（6 处）		降级不得分	6 × 1		
17	安全文明生产	严格遵守安全文明生产要求		违反一次扣 1 分，扣完为止	5		

九、中级工职业技能鉴定考核应会试题 9

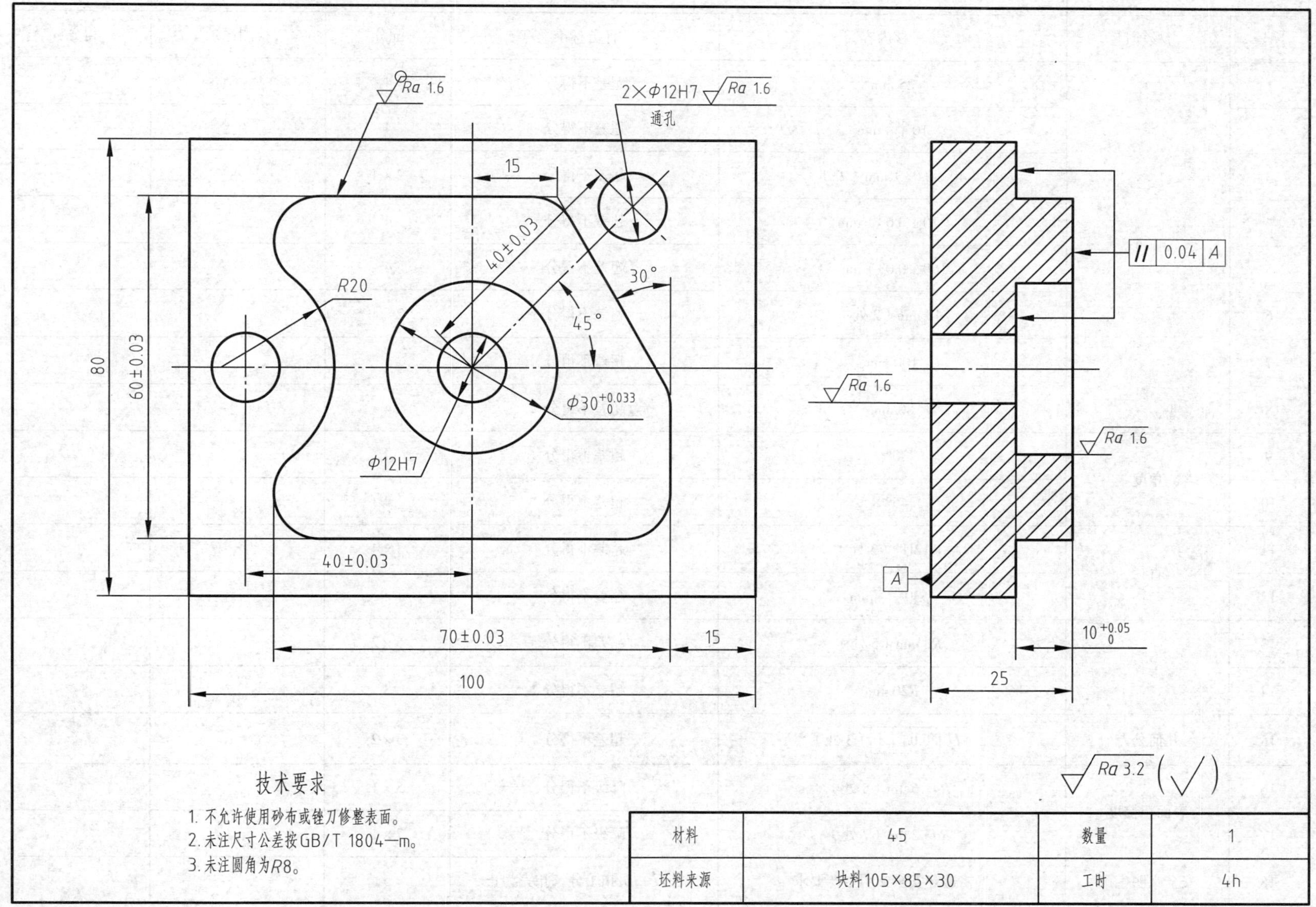

技术要求

1. 不允许使用砂布或锉刀修整表面。
2. 未注尺寸公差按GB/T 1804—m。
3. 未注圆角为R8。

材料	45	数量	1
坯料来源	块料105×85×30	工时	4h

评分表		考件名称	中级工应会试题 9	检测编号		总分	
序号	考核项目	考核内容		评分标准	配分	检测记录	得分
1	长度	25 mm		超差不得分	4		
2		$10_{0}^{+0.05}$ mm		超差不得分	4		
3		（40 ± 0.03）mm（2 处）		超差不得分	2 × 4		
4		（70 ± 0.03）mm		超差不得分	4		
5		（60 ± 0.03）mm		超差不得分	4		
6		15 mm（2 处）		超差不得分	2 × 4		
7		100 mm		超差不得分	4		
8		80 mm		超差不得分	4		
9	角度	30°		超差不得分	4		
10		45°		超差不得分	4		
11	直径	ϕ12H7（3 处）		超差不得分	3 × 4		
12		$\phi 30_{0}^{+0.033}$ mm		超差不得分	4		
13	半径	*R*8 mm（5 处）		超差不得分	5 × 2		
14		*R*20 mm		超差不得分	3		
15	几何公差	// 0.04 *A*（3 处）		超差不得分	3 × 2		
16	表面粗糙度	*Ra*1.6 μm（5 处）		降级不得分	5 × 1		
17		*Ra*3.2 μm（7 处）		降级不得分	7 × 1		
18	安全文明生产	严格遵守安全文明生产要求		违反一次扣 1 分，扣完为止	5		

十、中级工职业技能鉴定考核应会试题 10

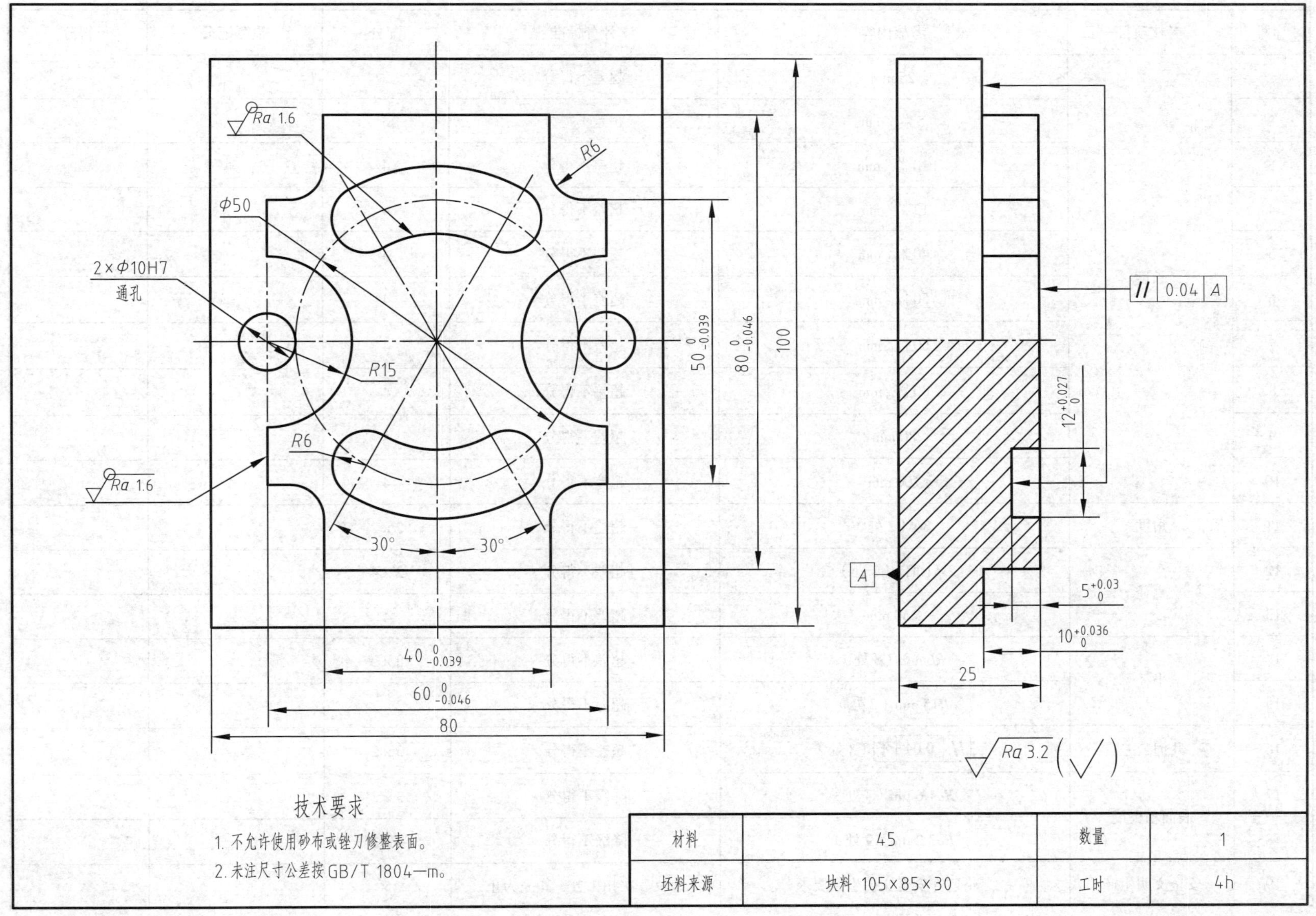

技术要求

1. 不允许使用砂布或锉刀修整表面。
2. 未注尺寸公差按GB/T 1804—m。

材料	45	数量	1
坯料来源	块料 105×85×30	工时	4h

评分表		考件名称	中级工应会试题 10	检测编号		总分	
序号	考核项目	考核内容		评分标准	配分	检测记录	得分
1	长度	25 mm		超差不得分	3		
2		$5^{+0.03}_{0}$ mm		超差不得分	3		
3		$10^{+0.036}_{0}$ mm		超差不得分	4		
4		$12^{+0.027}_{0}$ mm		超差不得分	4		
5		$40^{0}_{-0.039}$ mm		超差不得分	4		
6		$50^{0}_{-0.039}$ mm		超差不得分	4		
7		$60^{0}_{-0.046}$ mm		超差不得分	4		
8		$80^{0}_{-0.046}$ mm		超差不得分	4		
9		80 mm		超差不得分	4		
10		100 mm		超差不得分	4		
11	角度	30°（2 处）		超差不得分	2×2		
12	直径	ϕ10H7（2 处）		超差不得分	2×4		
13		ϕ50 mm		超差不得分	4		
14	半径	R6 mm（8 处）		超差不得分	8×2		
15		R15 mm（2 处）		超差不得分	2×2		
16	几何公差	// 0.04 A（3 处）		超差不得分	3×2		
17	表面粗糙度	Ra1.6 μm（3 处）		降级不得分	3×2		
18		Ra3.2 μm（9 处）		降级不得分	9×1		
19	安全文明生产	严格遵守安全文明生产要求		违反一次扣 1 分，扣完为止	5		

十一、中级工职业技能鉴定考核应会试题 11

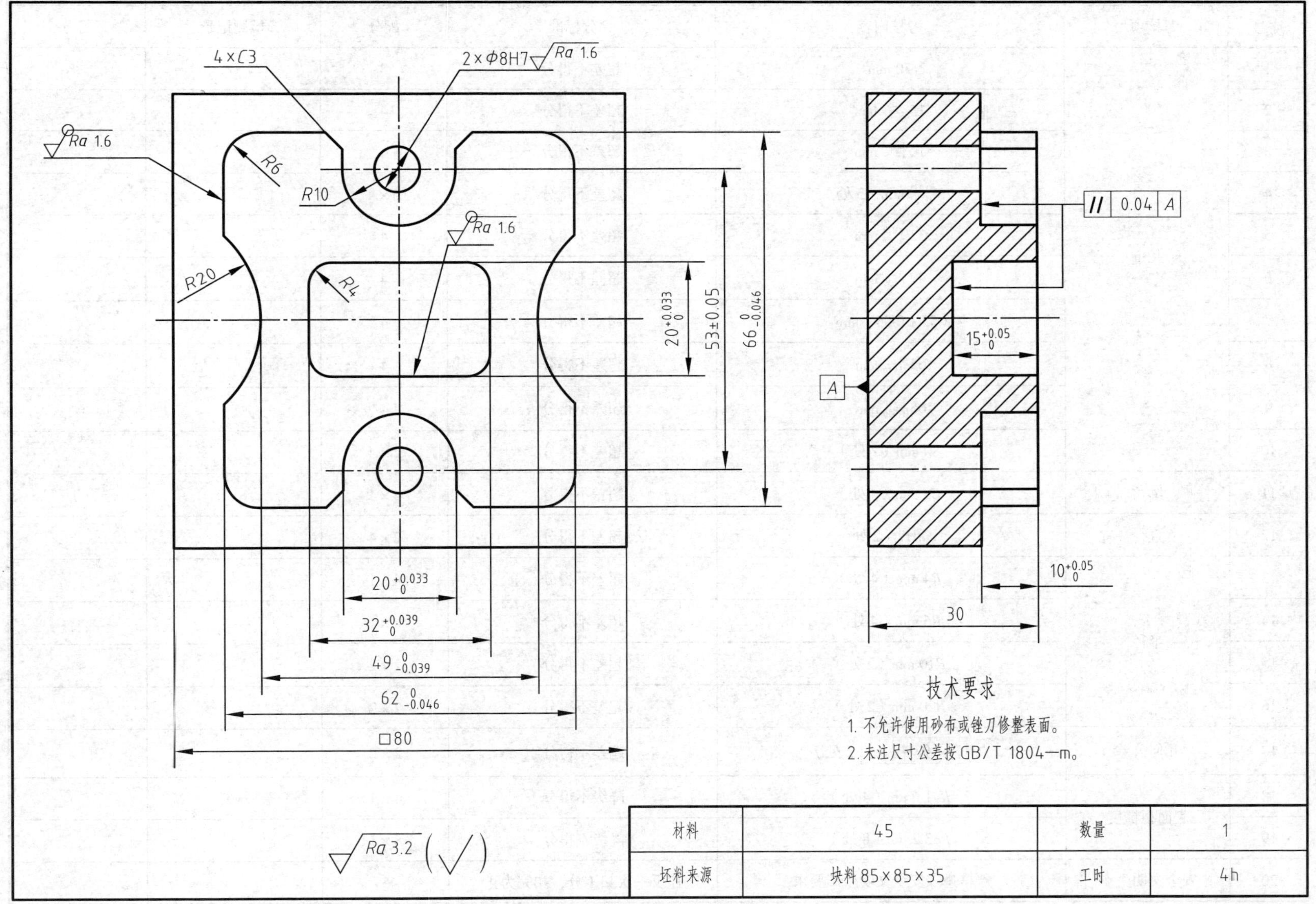

材料	45	数量	1
坯料来源	块料85×85×35	工时	4h

评分表	考件名称	中级工应会试题 11	检测编号		总分	
序号	考核项目	考核内容	评分标准	配分	检测记录	得分
1	长度	30 mm	超差不得分	3		
2		$15^{+0.05}_{0}$ mm	超差不得分	4		
3		$10^{+0.05}_{0}$ mm	超差不得分	4		
4		$20^{+0.033}_{0}$ mm（3 处）	超差不得分	3 × 4		
5		$32^{+0.039}_{0}$ mm	超差不得分	4		
6		$49^{0}_{-0.039}$ mm	超差不得分	4		
7		（53 ± 0.05）mm	超差不得分	4		
8		$62^{0}_{-0.046}$ mm	超差不得分	4		
9		$66^{0}_{-0.046}$ mm	超差不得分	4		
10		80 mm（2 处）	超差不得分	2 × 4		
11	倒角	$C3$ mm（4 处）	超差不得分	4 × 1		
12	直径	ϕ8H7（2 处）	超差不得分	2 × 4		
13	半径	$R4$ mm（4 处）	超差不得分	4 × 1		
14		$R6$ mm（4 处）	超差不得分	4 × 1		
15		$R10$ mm（2 处）	超差不得分	2 × 2		
16		$R20$ mm（2 处）	超差不得分	2 × 2		
17	几何公差	∥ 0.04 A（2 处）	超差不得分	2 × 2		
18	表面粗糙度	$Ra1.6$ μm（4 处）	降级不得分	4 × 1		
19		$Ra3.2$ μm（8 处）	降级不得分	8 × 1		
20	安全文明生产	严格遵守安全文明生产要求	违反一次扣 1 分，扣完为止	5		

十二、中级工职业技能鉴定考核应会试题 12

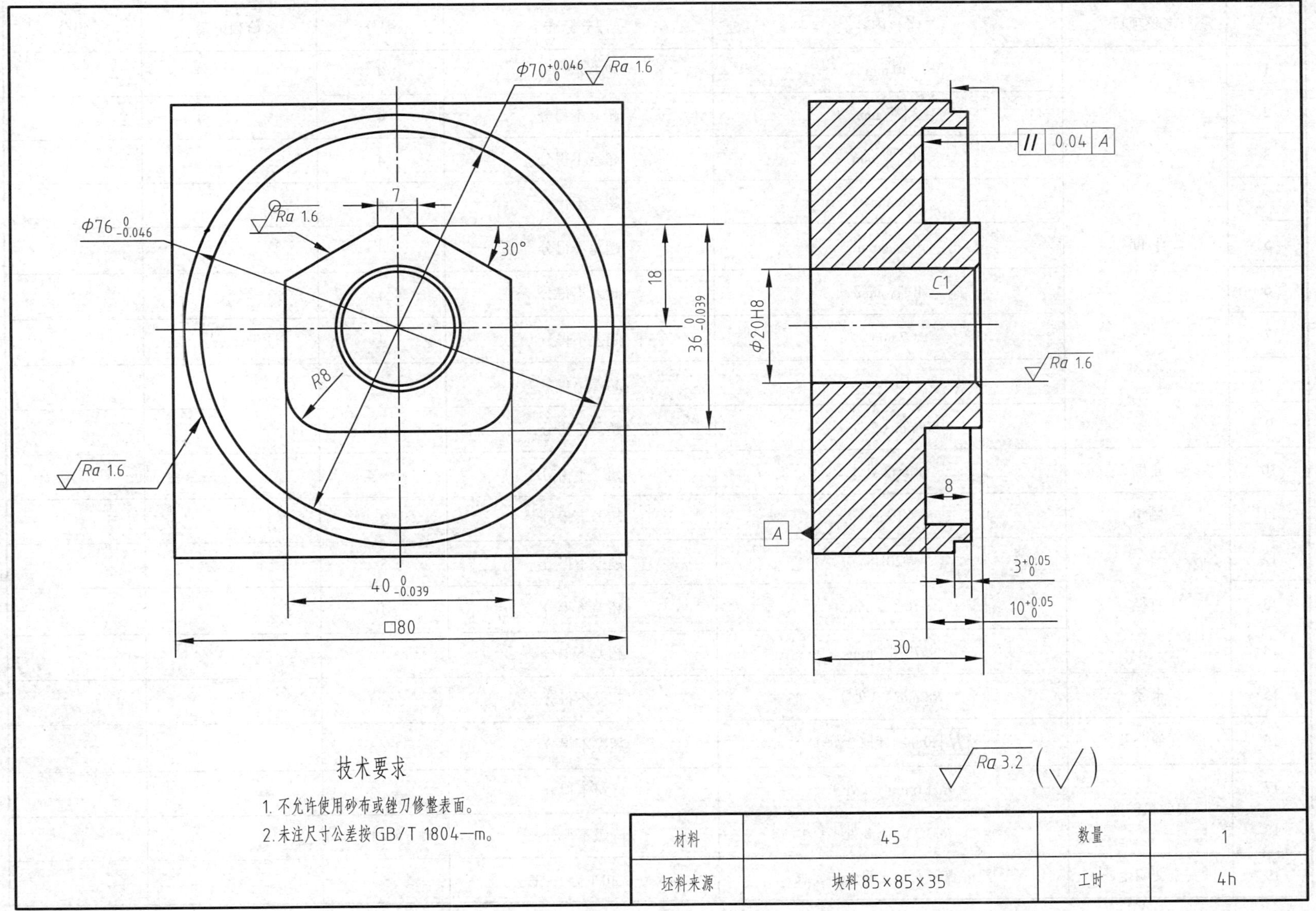

材料	45	数量	1
坯料来源	块料 85×85×35	工时	4h

评分表		考件名称	中级工应会试题 12	检测编号		总分	

序号	考核项目	考核内容	评分标准	配分	检测记录	得分
1	长度	30 mm	超差不得分	4		
2		$3^{+0.05}_{0}$ mm	超差不得分	4		
3		$10^{+0.05}_{0}$ mm	超差不得分	4		
4		8 mm	超差不得分	4		
5		$36^{0}_{-0.039}$ mm	超差不得分	4		
6		$40^{0}_{-0.039}$ mm	超差不得分	4		
7		7 mm	超差不得分	4		
8		18 mm	超差不得分	4		
9		80 mm（2 处）	超差不得分	2×5		
10	角度	30°（2 处）	超差不得分	2×4		
11	倒角	$C1$ mm	超差不得分	2		
12	直径	ϕ20H8	超差不得分	5		
13		$\phi 76^{0}_{-0.046}$ mm	超差不得分	4		
14		$\phi 70^{+0.046}_{0}$ mm	超差不得分	4		
15	半径	$R8$ mm（2 处）	超差不得分	2×4		
16	几何公差	// 0.04 A （2 处）	超差不得分	2×3		
17	表面粗糙度	Ra1.6 μm（4 处）	降级不得分	4×2		
18		Ra3.2 μm（8 处）	降级不得分	8×1		
19	安全文明生产	严格遵守安全文明生产要求	违反一次扣 1 分，扣完为止	5		

十三、中级工职业技能鉴定考核应会试题 13

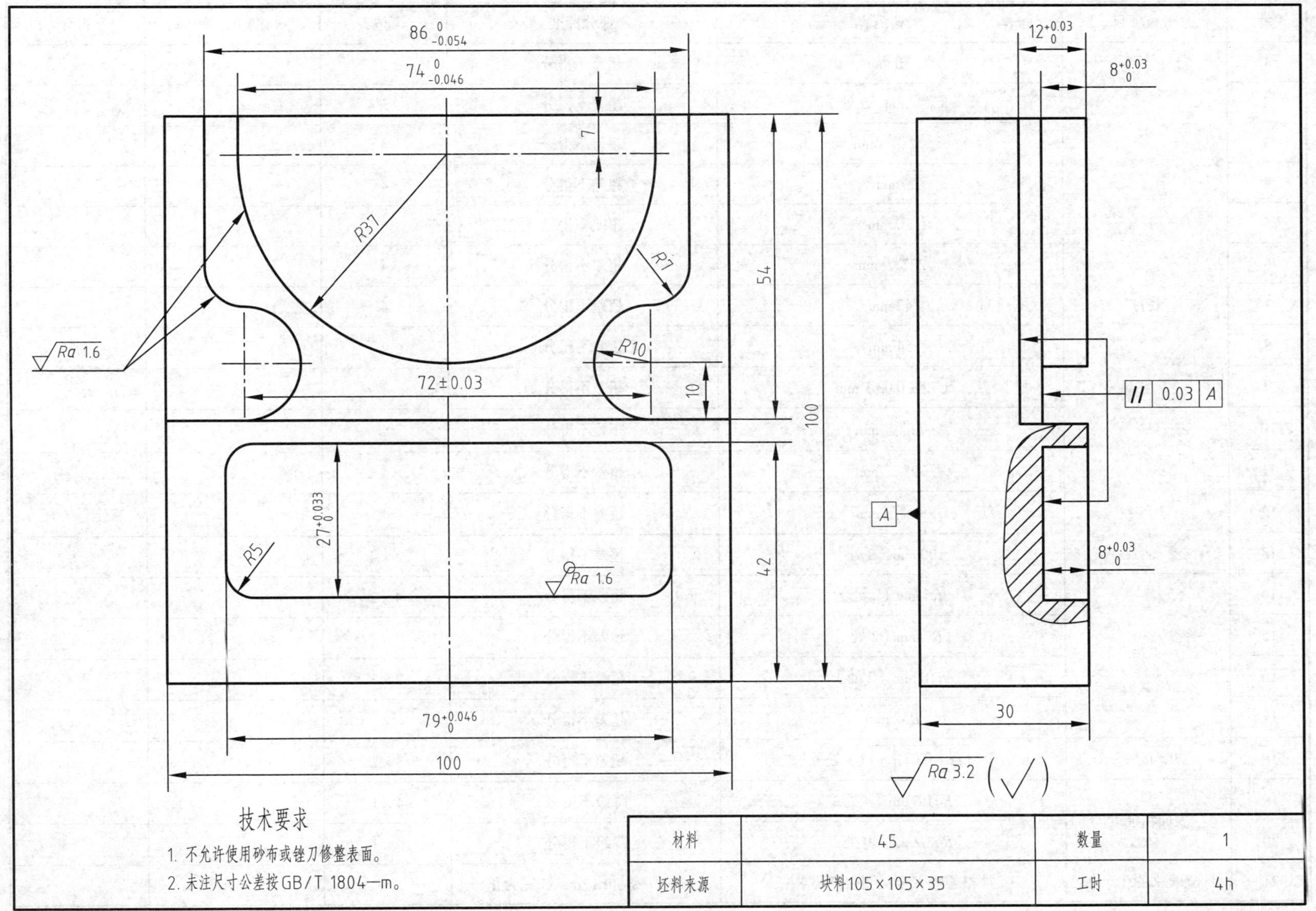

材料	45	数量	1
坯料来源	块料105×105×35	工时	4h

评分表	考件名称	中级工应会试题 13	检测编号		总分	
序号	考核项目	考核内容	评分标准	配分	检测记录	得分
1	长度	30 mm	超差不得分	3		
2		$8^{+0.03}_{0}$ mm（2 处）	超差不得分	2 × 4		
3		$12^{+0.03}_{0}$ mm	超差不得分	4		
4		7 mm	超差不得分	4		
5		10 mm	超差不得分	4		
6		$27^{+0.033}_{0}$ mm	超差不得分	4		
7		42 mm	超差不得分	4		
8		54 mm	超差不得分	4		
9		（72 ± 0.03）mm	超差不得分	3		
10		$74^{0}_{-0.046}$ mm	超差不得分	4		
11		$79^{+0.046}_{0}$ mm	超差不得分	4		
12		$86^{0}_{-0.054}$ mm	超差不得分	4		
13		100 mm（2 处）	超差不得分	2 × 4		
14	半径	*R*5 mm（4 处）	超差不得分	4 × 2		
15		*R*7 mm（2 处）	超差不得分	2 × 2		
16		*R*10 mm（2 处）	超差不得分	2 × 2		
17		*R*37 mm	超差不得分	2		
18	几何公差	// 0.03 *A*（3 处）	超差不得分	3 × 2		
19	表面粗糙度	*Ra*1.6 μm（4 处）	降级不得分	4 × 1		
20		*Ra*3.2 μm（9 处）	降级不得分	9 × 1		
21	安全文明生产	严格遵守安全文明生产要求	违反一次扣 1 分，扣完为止	5		

十四、中级工职业技能鉴定考核应会试题 14

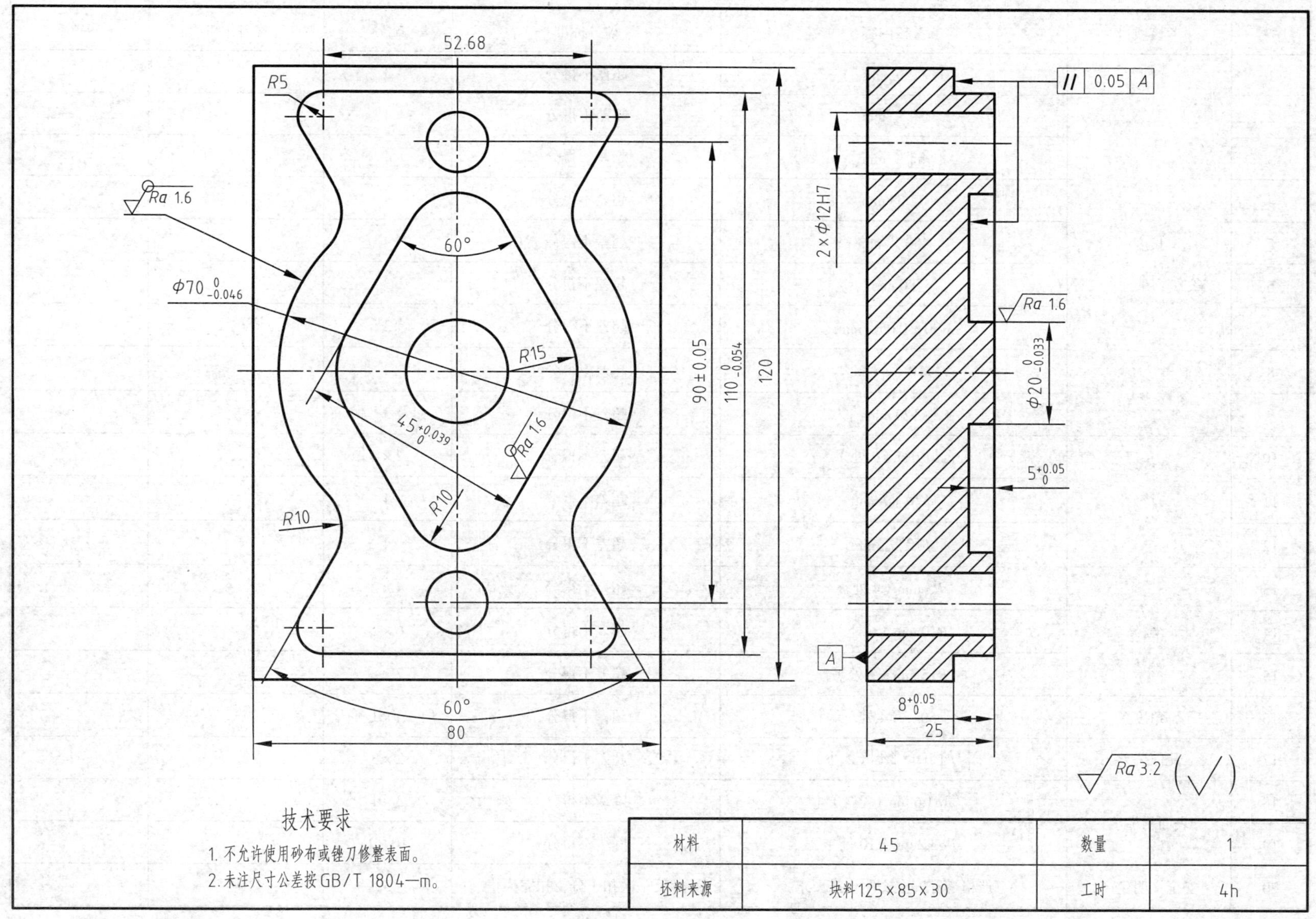

技术要求

1. 不允许使用砂布或锉刀修整表面。
2. 未注尺寸公差按GB/T 1804—m。

材料	45	数量	1
坯料来源	块料125×85×30	工时	4h

评分表		考件名称	中级工应会试题 14	检测编号		总分	

序号	考核项目	考核内容	评分标准	配分	检测记录	得分
1	长度	25 mm	超差不得分	3		
2		$5^{+0.05}_{0}$ mm	超差不得分	4		
3		$8^{+0.05}_{0}$ mm	超差不得分	4		
4		52.68 mm	超差不得分	4		
5		$45^{+0.039}_{0}$ mm	超差不得分	4		
6		80 mm	超差不得分	3		
7		（90 ± 0.05）mm	超差不得分	3		
8		$110^{0}_{-0.054}$ mm	超差不得分	4		
9		120 mm	超差不得分	3		
10	直径	ϕ12H7（2 处）	超差不得分	2 × 4		
11		$\phi20^{0}_{-0.033}$ mm	超差不得分	4		
12		$\phi70^{0}_{-0.046}$ mm	超差不得分	4		
13	半径	*R*5 mm（4 处）	超差不得分	4 × 2		
14		*R*10 mm（6 处）	超差不得分	6 × 2		
15		*R*15 mm（2 处）	超差不得分	2 × 2		
16	角度	60°（4 处）	超差不得分	4 × 1		
17	几何公差	// 0.05 *A*（2 处）	超差不得分	2 × 3		
18	表面粗糙度	*Ra*1.6 μm（3 处）	降级不得分	3 × 1		
19		*Ra*3.2 μm（10 处）	降级不得分	10 × 1		
20	安全文明生产	严格遵守安全文明生产要求	违反一次扣 1 分，扣完为止	5		

十五、中级工职业技能鉴定考核应会试题 15

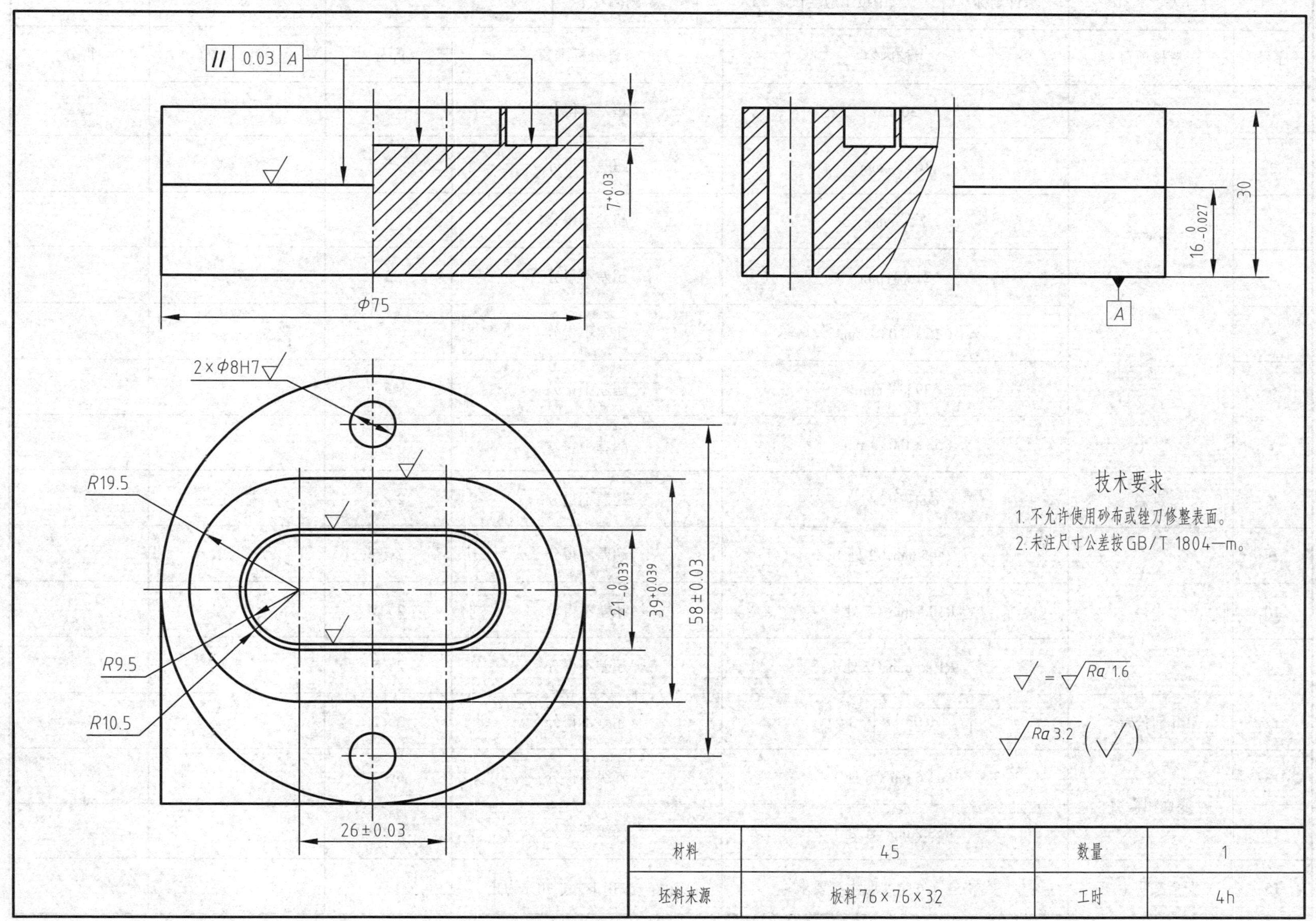

材料	45	数量	1
坯料来源	板料 76×76×32	工时	4h

评分表		考件名称	中级工应会试题 15	检测编号		总分	
序号	考核项目	考核内容		评分标准	配分	检测记录	得分
1	长度	30 mm		超差不得分	5		
2		$16_{-0.027}^{0}$ mm		超差不得分	5		
3		$7_{0}^{+0.03}$ mm		超差不得分	5		
4		$21_{-0.033}^{0}$ mm		超差不得分	5		
5		（26 ± 0.03）mm		超差不得分	5		
6		$39_{0}^{+0.039}$ mm		超差不得分	5		
7		（58 ± 0.03）mm		超差不得分	5		
8	直径	ϕ8H7（2 处）		超差不得分	2 × 4		
9	半径	*R*9.5 mm（2 处）		超差不得分	2 × 5		
10		*R*10.5 mm（2 处）		超差不得分	2 × 5		
11		*R*19.5 mm（2 处）		超差不得分	2 × 5		
12	几何公差	∥ 0.03 *A*（3 处）		超差不得分	3 × 2		
13	表面粗糙度	*Ra*1.6 μm（6 处）		降级不得分	6 × 2		
14		*Ra*3.2 μm（4 处）		降级不得分	4 × 1		
15	安全文明生产	严格遵守安全文明生产要求		违反一次扣 1 分，扣完为止	5		

十六、高级工职业技能鉴定考核应会试题 1

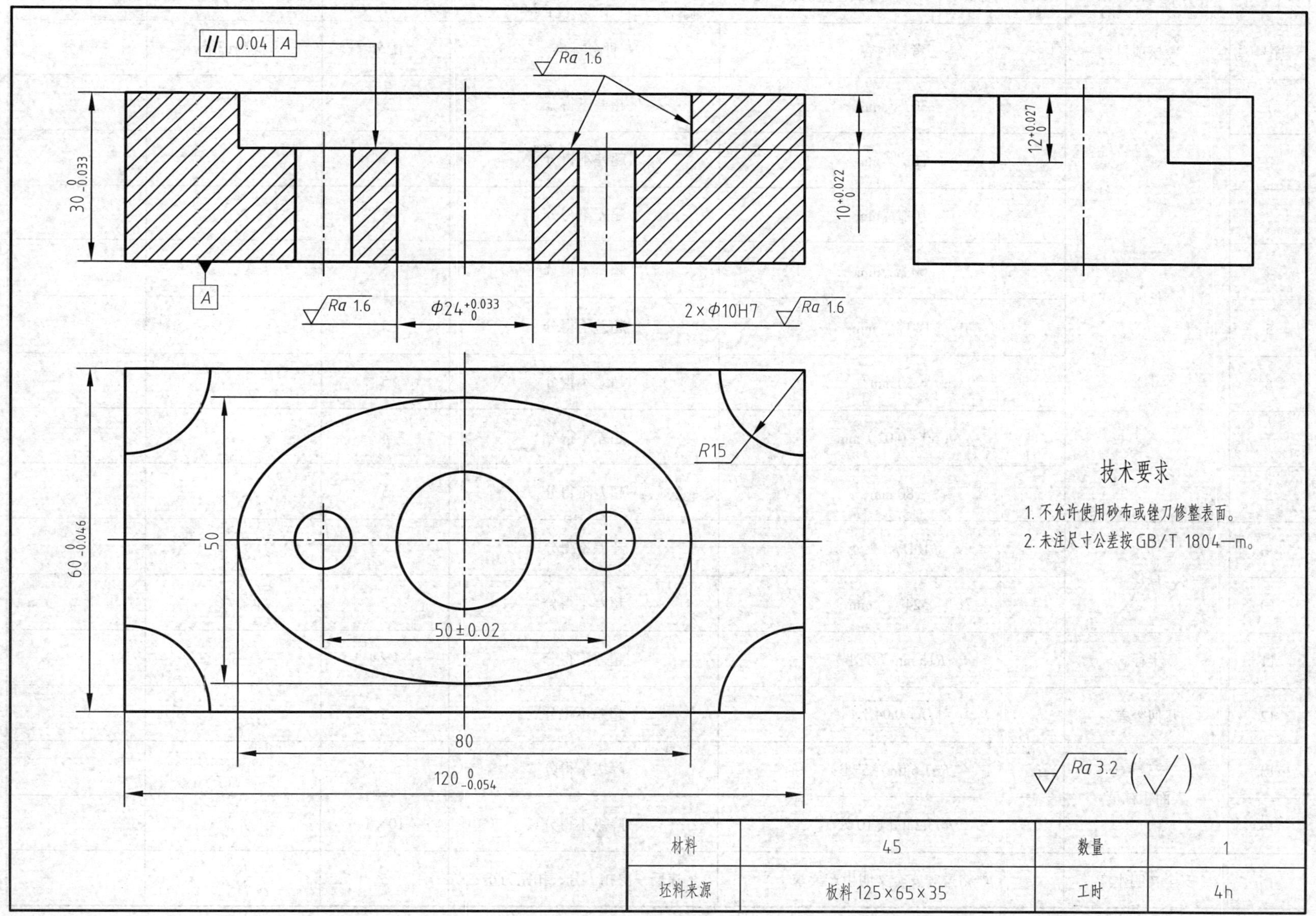

评分表	考件名称	高级工应会试题 1	检测编号		总分	
序号	考核项目	考核内容	评分标准	配分	检测记录	得分
1	长度	$30_{-0.033}^{0}$ mm	超差不得分	5		
2		$12_{0}^{+0.027}$ mm	超差不得分	5		
3		$10_{0}^{+0.022}$ mm	超差不得分	5		
4		$60_{-0.046}^{0}$ mm	超差不得分	5		
5		$120_{-0.054}^{0}$ mm	超差不得分	5		
6		50 mm	超差不得分	5		
7		（50 ± 0.02）mm	超差不得分	4		
8		80 mm	超差不得分	5		
9	直径	ϕ10H7（2 处）	超差不得分	2 × 5		
10		$\phi 24_{0}^{+0.033}$ mm	超差不得分	5		
11	半径	*R*15 mm（4 处）	超差不得分	4 × 4		
12	几何公差	// 0.04 *A*	超差不得分	5		
13	表面粗糙度	*Ra*1.6 μm（5 处）	降级不得分	5 × 2		
14		*Ra*3.2 μm（10 处）	降级不得分	10 × 1		
15	安全文明生产	严格遵守安全文明生产要求	违反一次扣 1 分，扣完为止	5		

十七、高级工职业技能鉴定考核应会试题 2

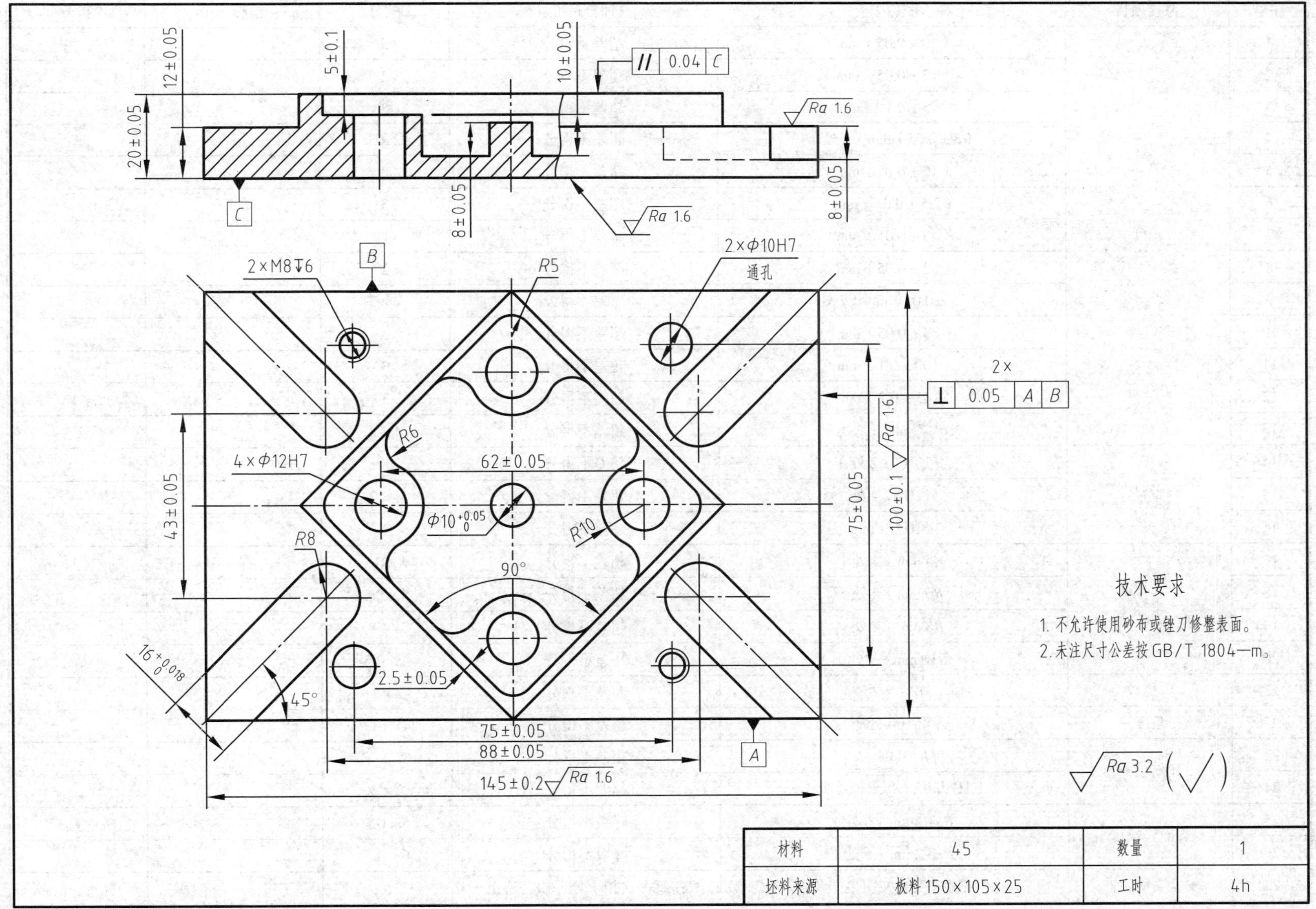

材料	45	数量	1
坯料来源	板料150×105×25	工时	4h

评分表	考件名称	高级工应会试题 2	检测编号		总分	
序号	考核项目	考核内容	评分标准	配分	检测记录	得分
1	长度	（20 ± 0.05）mm	超差不得分	3		
2		（12 ± 0.05）mm	超差不得分	3		
3		（5 ± 0.1）mm	超差不得分	3		
4		（8 ± 0.05）mm（2 处）	超差不得分	2 × 3		
5		（10 ± 0.05）mm	超差不得分	3		
6		（2.5 ± 0.05）mm	超差不得分	3		
7		（43 ± 0.05）mm	超差不得分	3		
8		（62 ± 0.05）mm	超差不得分	2		
9		（75 ± 0.05）mm（2 处）	超差不得分	2 × 3		
10		（88 ± 0.05）mm	超差不得分	3		
11		（100 ± 0.1）mm	超差不得分	3		
12		（145 ± 0.2）mm	超差不得分	3		
13		$16^{+0.018}_{0}$ mm（4 处）	超差不得分	4 × 2		
14	直径	ϕ10H7（2 处）	超差不得分	2 × 2		
15		ϕ12H7（4 处）	超差不得分	4 × 2		
16		$\phi 10^{+0.05}_{0}$ mm	超差不得分	2		
17	半径	R5 mm（4 处）	超差不得分	4 × 0.5		
18		R6 mm（8 处）	超差不得分	8 × 0.5		
19		R8 mm（4 处）	超差不得分	4 × 1		
20		R10 mm（4 处）	超差不得分	4 × 0.5		
21	内螺纹	M8（2 处）	超差不得分	2 × 1		
22	角度	45°（4 处）	超差不得分	4 × 1		
23	几何公差	∥ 0.04 C	超差不得分	2		
24		⊥ 0.05 A B（2 处）	超差不得分	2 × 3		
25	表面粗糙度	Ra1.6 μm（6 处）	降级不得分	6 × 0.5		
26		Ra3.2 μm（6 处）	降级不得分	6 × 0.5		
27	安全文明生产	严格遵守安全文明生产要求	违反一次扣 1 分，扣完为止	5		

十八、高级工职业技能鉴定考核应会试题 3

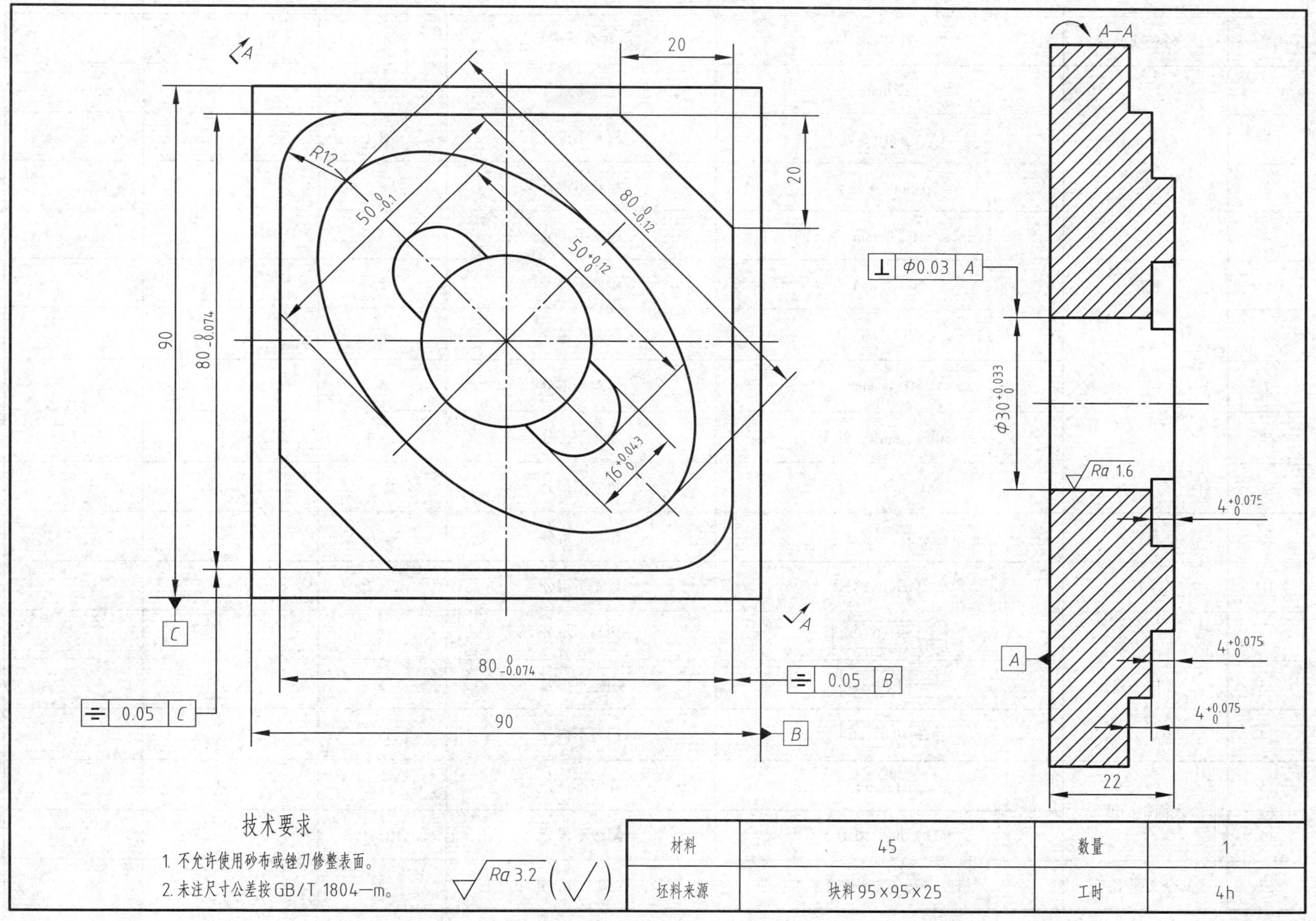

技术要求

1. 不允许使用砂布或锉刀修整表面。
2. 未注尺寸公差按GB/T 1804—m。

材料	45	数量	1
坯料来源	块料95×95×25	工时	4h

评分表	考件名称	高级工应会试题 3	检测编号		总分	
序号	考核项目	考核内容	评分标准	配分	检测记录	得分
1	长度	22 mm	超差不得分	4		
2		$4^{+0.075}_{0}$ mm（3 处）	超差不得分	3×4		
3		20 mm（4 处）	超差不得分	4×2		
4		$16^{+0.043}_{0}$ mm	超差不得分	4		
5		$50^{+0.12}_{0}$ mm	超差不得分	5		
6		$50^{0}_{-0.1}$ mm	超差不得分	5		
7		$80^{0}_{-0.12}$ mm	超差不得分	5		
8		$80^{0}_{-0.074}$ mm（2 处）	超差不得分	2×4		
9		90 mm（2 处）	超差不得分	2×4		
10	直径	$\phi30^{+0.033}_{0}$ mm	超差不得分	5		
11	半径	R12 mm（2 处）	超差不得分	2×2		
12	几何公差	⊥ ϕ 0.03 A	超差不得分	5		
13		⌯ 0.05 B	超差不得分	5		
14		⌯ 0.05 C	超差不得分	5		
15	表面粗糙度	Ra1.6 μm	降级不得分	2		
16		Ra3.2 μm（10 处）	降级不得分	10×1		
17	安全文明生产	严格遵守安全文明生产要求	违反一次扣 1 分，扣完为止	5		

十九、高级工职业技能鉴定考核应会试题 4

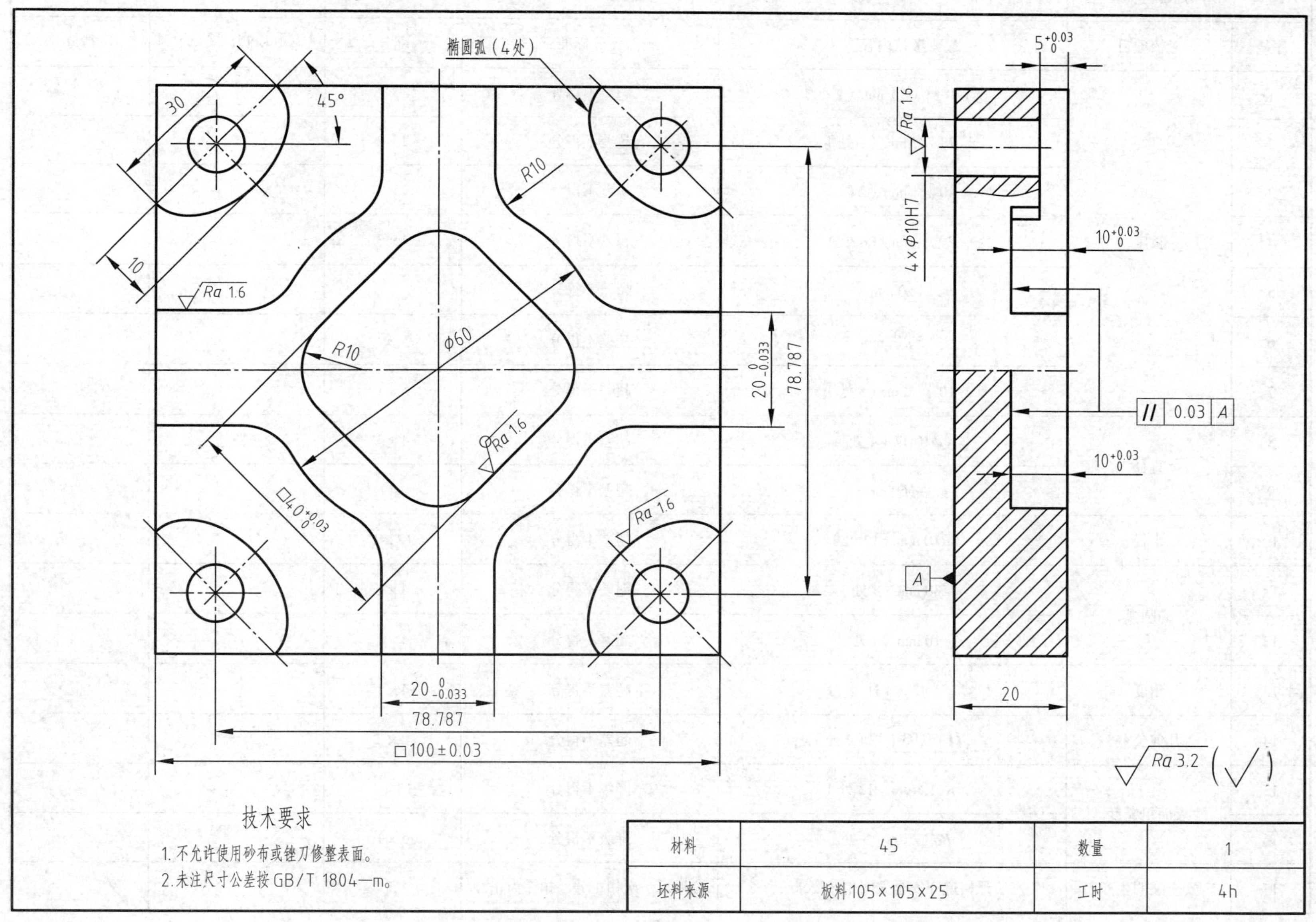

技术要求

1. 不允许使用砂布或锉刀修整表面。
2. 未注尺寸公差按 GB/T 1804—m。

材料	45	数量	1
坯料来源	板料 105×105×25	工时	4h

评分表		考件名称	高级工应会试题 4	检测编号		总分	
序号	考核项目	考核内容		评分标准	配分	检测记录	得分
1	长度	（100 ± 0.03）mm（2 处）		超差不得分	2 × 2		
2		78.787 mm（2 处）		超差不得分	2 × 2		
3		$40^{+0.03}_{0}$ mm（2 处）		超差不得分	2 × 2		
4		$20^{0}_{-0.033}$ mm（4 处）		超差不得分	4 × 3		
5		20 mm		超差不得分	2		
6		$5^{+0.03}_{0}$ mm		超差不得分	2		
7		$10^{+0.03}_{0}$ mm（5 处）		超差不得分	5 × 1		
8	直径	ϕ10H7（4 处）		超差不得分	4 × 3		
9		ϕ60 mm		超差不得分	4		
10	半径	R10 mm（12 处）		超差不得分	12 × 1		
11	椭圆弧	30 mm（4 处）		超差不得分	4 × 1		
12		10 mm（4 处）		超差不得分	4 × 1		
13	角度	45°（4 处）		超差不得分	4 × 1		
14	几何公差	// 0.03 A（2 处）		超差不得分	2 × 2		
15	表面粗糙度	Ra1.6 μm（13 处）		降级不得分	13 × 1		
16		Ra3.2 μm（5 处）		降级不得分	5 × 1		
17	安全文明生产	严格遵守安全文明生产要求		违反一次扣 1 分，扣完为止	5		

二十、高级工职业技能鉴定考核应会试题 5

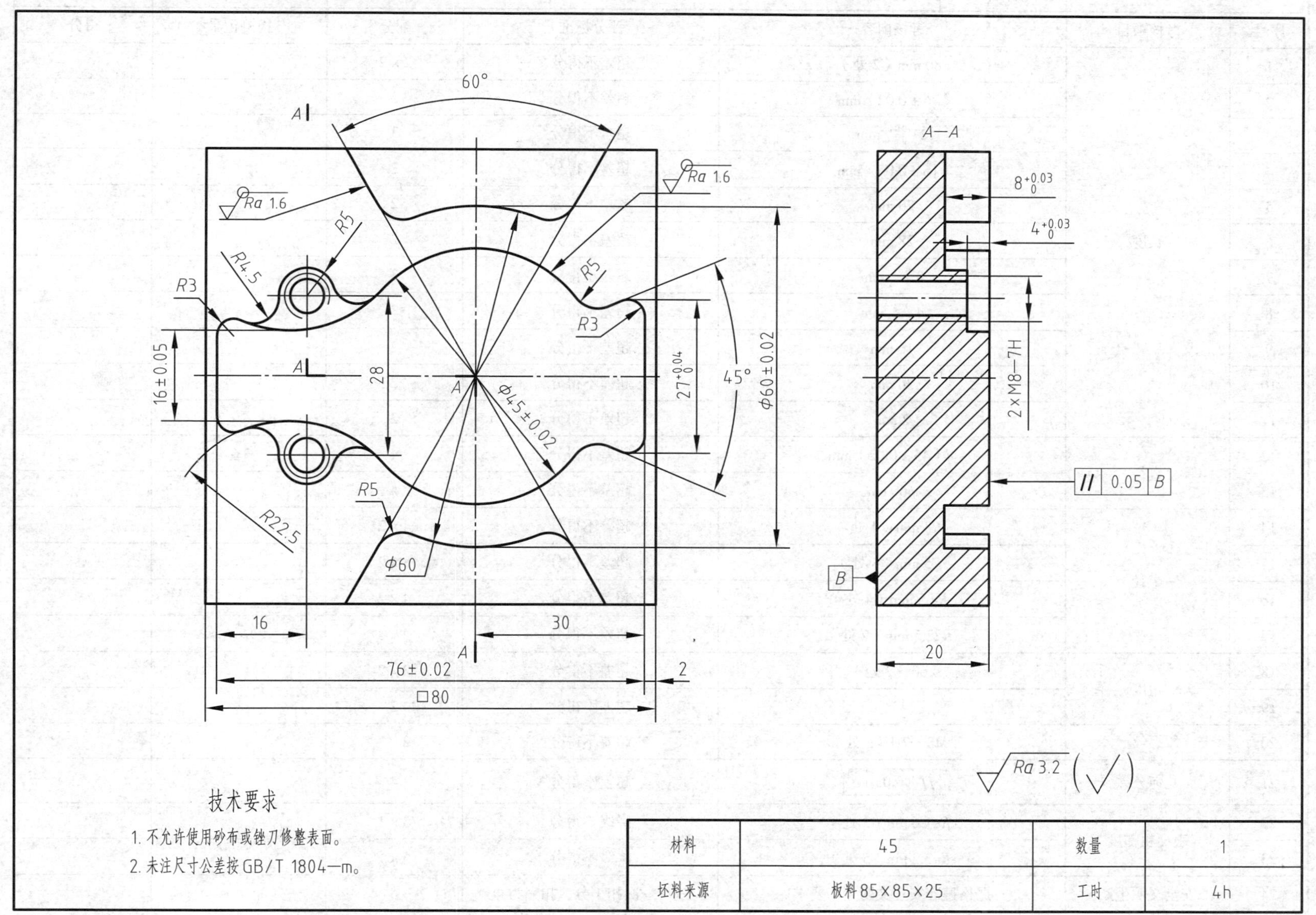

技术要求

1. 不允许使用砂布或锉刀修整表面。
2. 未注尺寸公差按 GB/T 1804—m。

材料	45	数量	1
坯料来源	板料85×85×25	工时	4h

评分表		考件名称	高级工应会试题 5	检测编号		总分	

序号	考核项目	考核内容	评分标准	配分	检测记录	得分
1	长度	80 mm（2 处）	超差不得分	2×2		
2		（76±0.02）mm	超差不得分	2		
3		$27_{0}^{+0.04}$ mm	超差不得分	3		
4		（16±0.05）mm	超差不得分	2		
5		20 mm	超差不得分	2		
6		28 mm	超差不得分	2		
7		$8_{0}^{+0.03}$ mm	超差不得分	3		
8		$4_{0}^{+0.03}$ mm	超差不得分	3		
9		16 mm	超差不得分	2		
10		30 mm	超差不得分	2		
11		2 mm	超差不得分	2		
12	直径	ϕ（45±0.02）mm	超差不得分	4		
13		ϕ60 mm	超差不得分	4		
14	半径	*R*3 mm（4 处）	超差不得分	4×2		
15		*R*5 mm（8 处）	超差不得分	8×2		
16		*R*4.5 mm（4 处）	超差不得分	4×2		
17		*R*22.5 mm（2 处）	超差不得分	2×2		
18	角度	60°（2 处）	超差不得分	2×2		
19		45°	超差不得分	2		
20	螺纹	M8—7H（2 处）	超差不得分	2×3		
21	几何公差	// 0.05 *B*	超差不得分	4		
22	表面粗糙度	*Ra*1.6 μm（3 处）	降级不得分	3×1		
23		*Ra*3.2 μm（5 处）	降级不得分	5×1		
24	安全文明生产	严格遵守安全文明生产要求	违反一次扣 1 分，扣完为止	5		

二十一、高级工职业技能鉴定考核应会试题 6

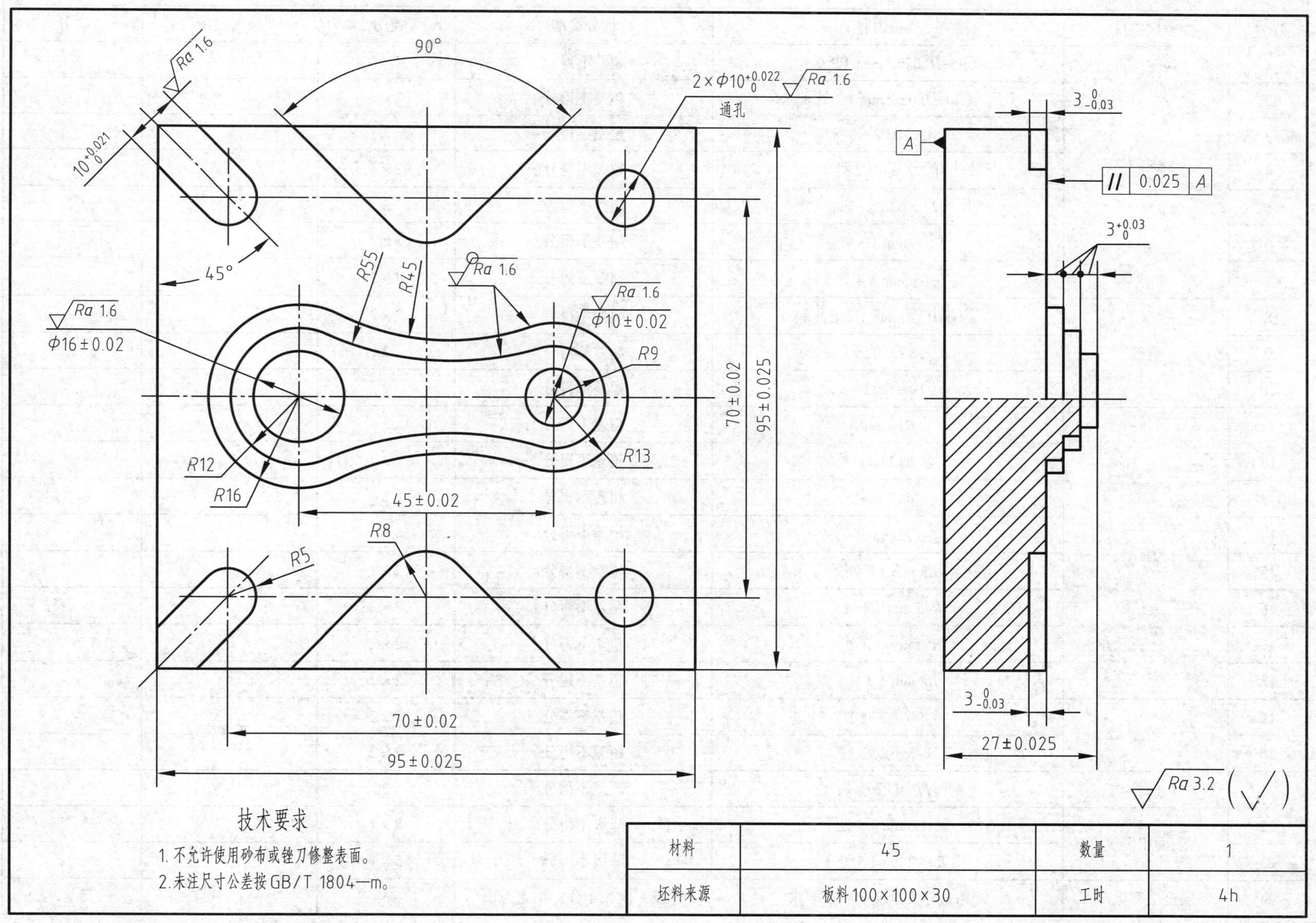

技术要求

1. 不允许使用砂布或锉刀修整表面。
2. 未注尺寸公差按GB/T 1804—m。

材料	45	数量	1
坯料来源	板料100×100×30	工时	4h

评分表		考件名称	高级工应会试题 6	检测编号		总分	
序号	考核项目	考核内容		评分标准	配分	检测记录	得分
1	长度	（95 ± 0.025）mm（2 处）		超差不得分	2 × 3		
2		（70 ± 0.02）mm（2 处）		超差不得分	2 × 3		
3		（45 ± 0.02）mm		超差不得分	3		
4		$10^{+0.021}_{0}$ mm（2 处）		超差不得分	2 × 3		
5		（27 ± 0.025）mm		超差不得分	3		
6		$3^{+0.03}_{0}$ mm（3 处）		超差不得分	3 × 2		
7		$3^{0}_{-0.03}$ mm（4 处）		超差不得分	4 × 2		
8	直径	$\phi10^{+0.022}_{0}$ mm（2 处）		超差不得分	2 × 2		
9		ϕ（16 ± 0.02）mm		超差不得分	2		
10		ϕ（10 ± 0.02）mm		超差不得分	2		
11	半径	R16 mm		超差不得分	3		
12		R12 mm		超差不得分	3		
13		R13 mm		超差不得分	3		
14		R9 mm		超差不得分	3		
15		R5 mm（2 处）		超差不得分	2 × 1		
16		R45 mm（2 处）		超差不得分	2 × 2		
17		R55 mm（2 处）		超差不得分	2 × 2		
18		R8 mm（2 处）		超差不得分	2 × 2		
19	角度	90°（2 处）		超差不得分	2 × 2		
20		45°（2 处）		超差不得分	2 × 2		
21	几何公差	// 0.025 A		超差不得分	2		
22	表面粗糙度	Ra1.6 μm（8 处）		降级不得分	8 × 1		
23		Ra3.2 μm（5 处）		降级不得分	5 × 1		
24	安全文明生产	严格遵守安全文明生产要求		违反一次扣 1 分，扣完为止	5		

二十二、高级工职业技能鉴定考核应会试题 7

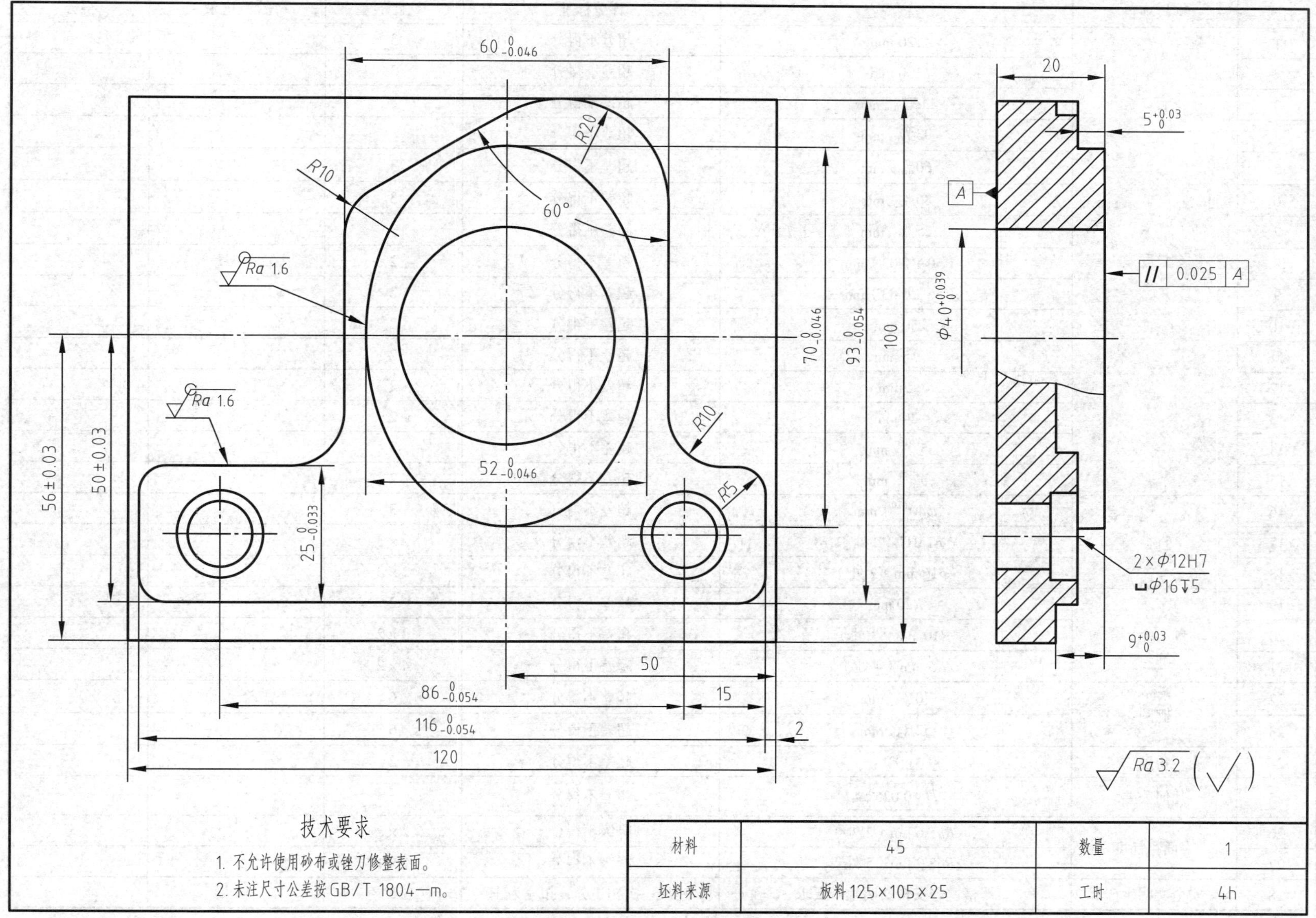

技术要求

1. 不允许使用砂布或锉刀修整表面。
2. 未注尺寸公差按 GB/T 1804—m。

材料	45	数量	1
坯料来源	板料 125×105×25	工时	4h

评分表		考件名称	高级工应会试题 7	检测编号		总分	
序号	考核项目	考核内容		评分标准	配分	检测记录	得分
1	长度	120 mm		超差不得分	3		
2		100 mm		超差不得分	3		
3		$116_{-0.054}^{0}$ mm		超差不得分	3		
4		$93_{-0.054}^{0}$ mm		超差不得分	3		
5		$60_{-0.046}^{0}$ mm		超差不得分	3		
6		$86_{-0.054}^{0}$ mm		超差不得分	3		
7		$25_{-0.033}^{0}$ mm		超差不得分	3		
8		（50 ± 0.03）mm		超差不得分	2		
9		（56 ± 0.03）mm		超差不得分	2		
10		50 mm		超差不得分	2		
11		15 mm		超差不得分	2		
12		2 mm		超差不得分	2		
13		20 mm		超差不得分	2		
14		$5_{0}^{+0.03}$ mm		超差不得分	3		
15		$9_{0}^{+0.03}$ mm		超差不得分	2		
16	直径	$\phi40_{0}^{+0.039}$ mm		超差不得分	3		
17		ϕ12H7（2 处）		超差不得分	2 × 3		
18		ϕ16 mm（2 处）		超差不得分	2 × 3		
19	半径	*R*20 mm		超差不得分	2		
20		*R*10 mm（3 处）		超差不得分	3 × 2		
21		*R*5 mm（4 处）		超差不得分	4 × 2		
22	椭圆	$70_{-0.046}^{0}$ mm		超差不得分	6		
23		$52_{-0.046}^{0}$ mm		超差不得分	6		
24	角度	60°		超差不得分	2		
25	几何公差	// 0.025 *A*		超差不得分	3		
26	表面粗糙度	*Ra*1.6 μm（2 处）		降级不得分	2 × 2		
27		*Ra*3.2 μm（5 处）		降级不得分	5 × 1		
28	安全文明生产	严格遵守安全文明生产要求		违反一次扣 1 分，扣完为止	5		

二十三、高级工职业技能鉴定考核应会试题 8

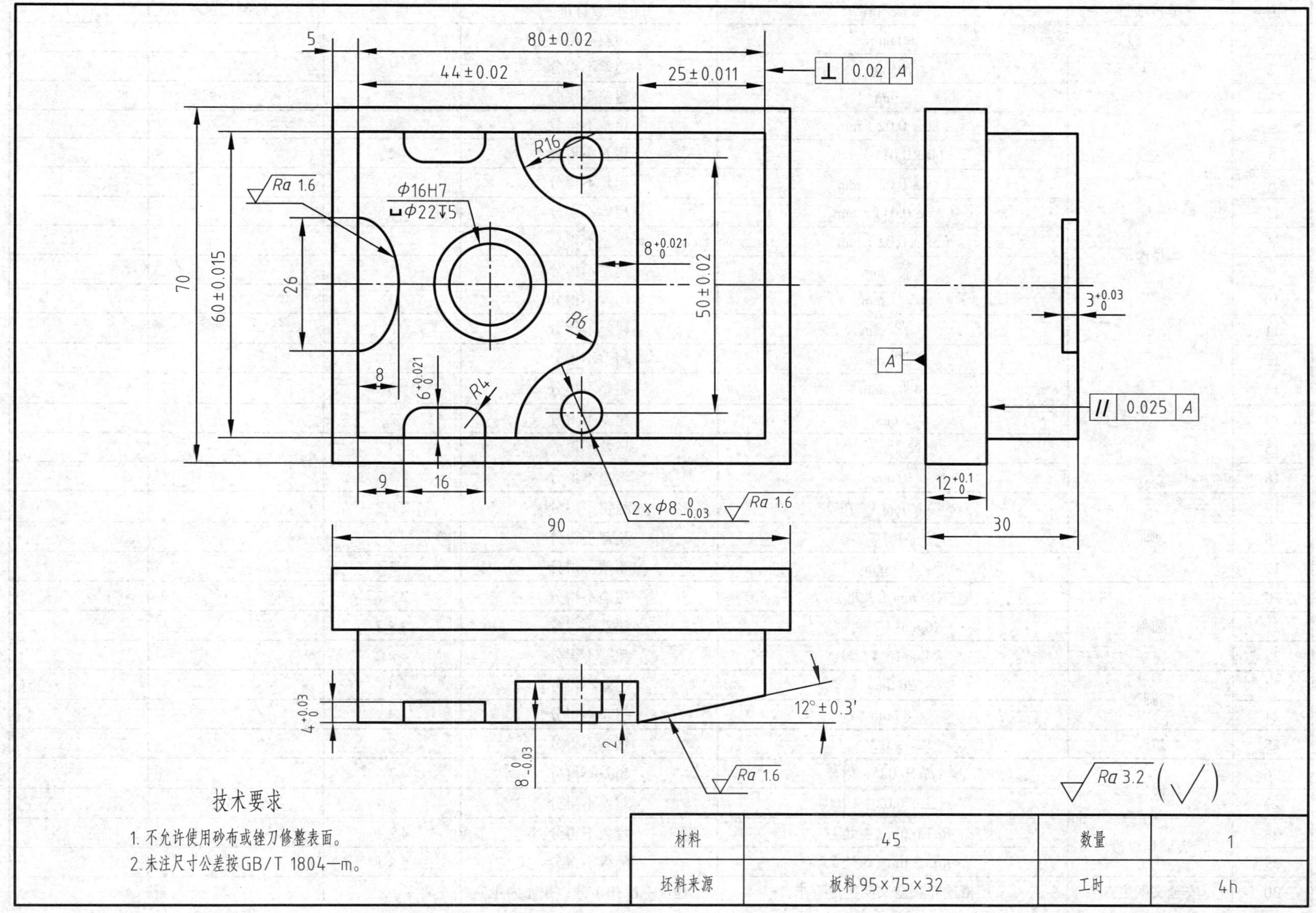

评分表		考件名称	高级工应会试题 8	检测编号		总分	
序号	考核项目	考核内容		评分标准	配分	检测记录	得分
1	长度	90 mm		超差不得分	3		
2		70 mm		超差不得分	3		
3		5 mm		超差不得分	2		
4		（80 ± 0.02）mm		超差不得分	2		
5		（60 ± 0.015）mm		超差不得分	2		
6		（44 ± 0.02）mm		超差不得分	3		
7		（25 ± 0.011）mm		超差不得分	3		
8		（50 ± 0.02）mm		超差不得分	3		
9		$8^{+0.021}_{0}$ mm		超差不得分	3		
10		$6^{+0.021}_{0}$ mm		超差不得分	3		
11		$3^{+0.03}_{0}$ mm		超差不得分	3		
12		$4^{+0.03}_{0}$ mm		超差不得分	3		
13		$8^{0}_{-0.03}$ mm		超差不得分	3		
14		2 mm		超差不得分	2		
15		$12^{+0.1}_{0}$ mm		超差不得分	3		
16		30 mm		超差不得分	3		
17	圆	$\phi 8^{0}_{-0.03}$ mm（2 处）		超差不得分	2 × 3		
18		ϕ16H7		超差不得分	3		
19		ϕ22 mm		超差不得分	3		
20	圆弧	R16 mm（2 处）		超差不得分	2 × 2		
21		R6 mm（2 处）		超差不得分	2 × 2		
22		R4 mm（4 处）		超差不得分	4 × 2		
23	椭圆弧	26 mm		超差不得分	3		
24		8 mm		超差不得分	3		
25	角度	12° ± 0.3′		超差不得分	2		
26	几何公差	// 0.025 A		超差不得分	3		
27		⊥ 0.02 A		超差不得分	3		
28	表面粗糙度	Ra1.6 μm（4 处）		降级不得分	4 × 1		
29		Ra3.2 μm（5 处）		降级不得分	5 × 1		
30	安全文明生产	严格遵守安全文明生产要求		违反一次扣 1 分，扣完为止	5		

二十四、高级工职业技能鉴定考核应会试题 9

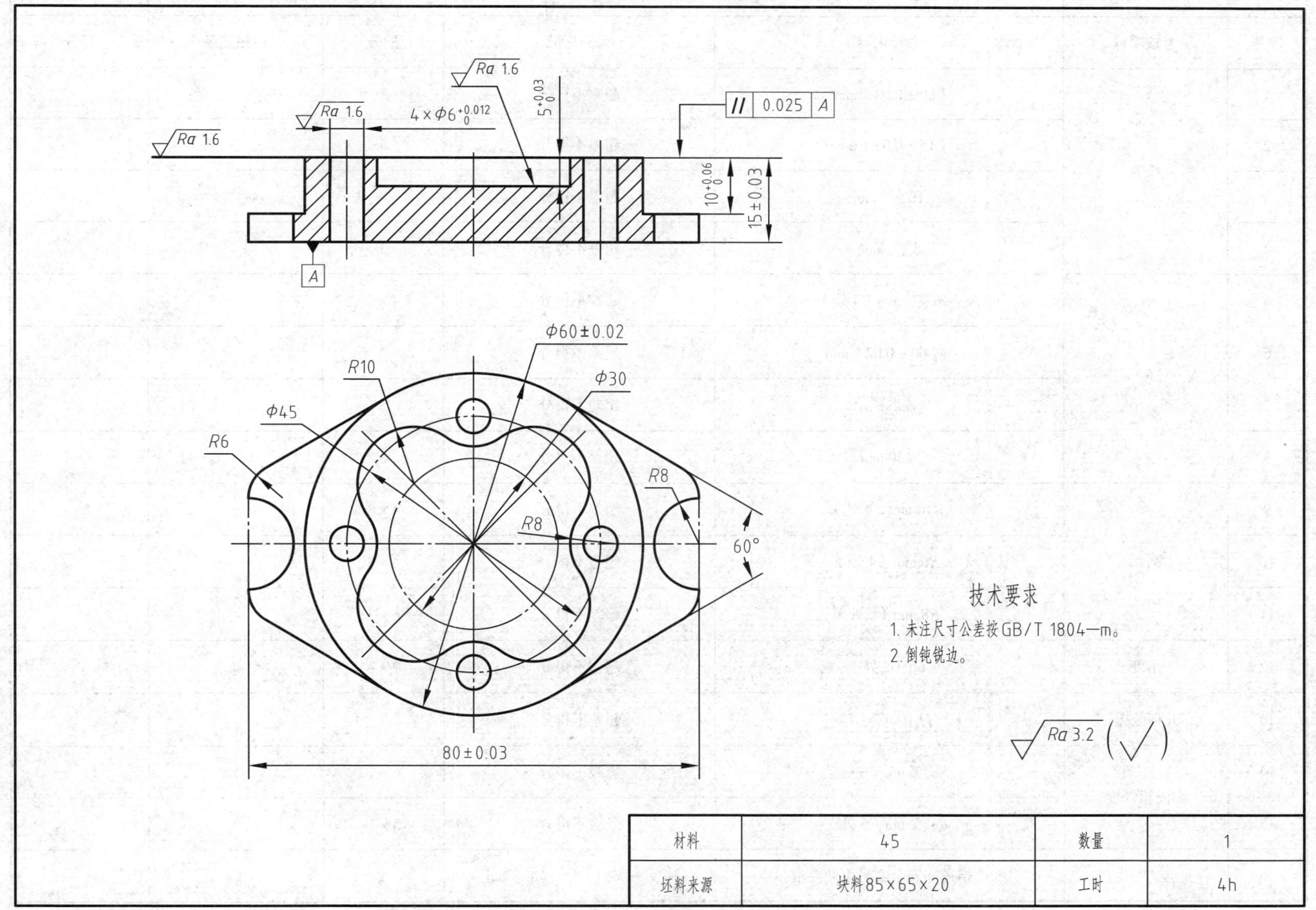

材料	45	数量	1
坯料来源	块料85×65×20	工时	4h

评分表		考件名称	高级工应会试题 9	检测编号		总分	
序号	考核项目	考核内容		评分标准	配分	检测记录	得分
1	长度	(80 ± 0.03) mm		超差不得分	3		
2		(15 ± 0.03) mm		超差不得分	3		
3		$10^{+0.06}_{0}$ mm		超差不得分	3		
4		$5^{+0.03}_{0}$ mm		超差不得分	3		
5	圆	$\phi 6^{+0.012}_{0}$ mm(4 处)		超差不得分	4 × 3		
6		ϕ(60 ± 0.02) mm		超差不得分	3		
7		ϕ45 mm		超差不得分	3		
8		ϕ30 mm		超差不得分	3		
9	圆弧	*R*10 mm(4 处)		超差不得分	4 × 3		
10		*R*6 mm(4 处)		超差不得分	4 × 3		
11		*R*8 mm(6 处)		超差不得分	6 × 3		
12	角度	60°(2 处)		超差不得分	2 × 3		
13	几何公差	// 0.025 *A*		超差不得分	3		
14	表面粗糙度	*Ra*1.6 μm(6 处)		降级不得分	6 × 1		
15		*Ra*3.2 μm(5 处)		降级不得分	5 × 1		
16	安全文明生产	严格遵守安全文明生产要求		违反一次扣 1 分，扣完为止	5		

二十五、高级工职业技能鉴定考核应会试题 10

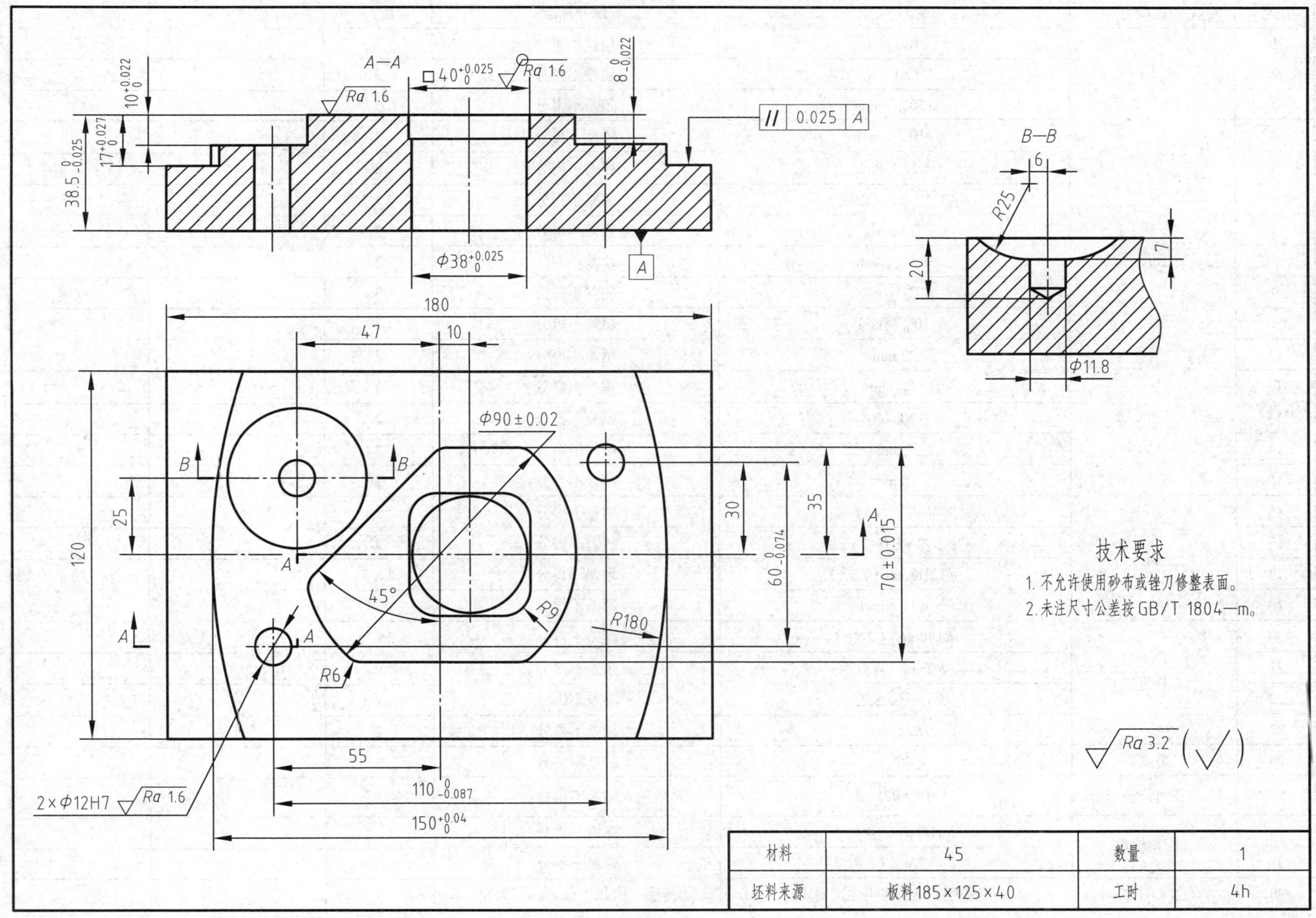

材料	45	数量	1
坯料来源	板料185×125×40	工时	4h

评分表		考件名称	高级工应会试题 10	检测编号		总分	
序号	考核项目	考核内容	评分标准	配分	检测记录	得分	
1	长度	180 mm	超差不得分	3			
2		120 mm	超差不得分	3			
3		$150^{+0.04}_{0}$ mm	超差不得分	3			
4		$110^{0}_{-0.087}$ mm	超差不得分	3			
5		$60^{0}_{-0.074}$ mm	超差不得分	3			
6		$40^{+0.025}_{0}$ mm（2 处）	超差不得分	2×3			
7		25 mm	超差不得分	2			
8		$38.5^{0}_{-0.025}$ mm	超差不得分	3			
9		$17^{+0.027}_{0}$ mm	超差不得分	3			
10		$10^{+0.022}_{0}$ mm	超差不得分	3			
11		47 mm	超差不得分	2			
12		$8^{0}_{-0.022}$ mm	超差不得分	3			
13		20 mm	超差不得分	2			
14		7 mm	超差不得分	2			
15		10 mm	超差不得分	2			
16	圆	$\phi38^{+0.025}_{0}$ mm	超差不得分	3			
17		ϕ（90±0.02）mm	超差不得分	3			
18		ϕ12H7mm（2 处）	超差不得分	2×3			
19		ϕ11.8 mm	超差不得分	2			
20	圆弧	*R*180 mm（2 处）	超差不得分	2×2			
21		*R*9 mm（4 处）	超差不得分	4×2			
22		*R*6 mm（5 处）	超差不得分	5×2			
23		*R*25 mm	超差不得分	2			
24	角度	45°	超差不得分	2			
25	几何公差	// 0.025 *A*	超差不得分	3			
26	表面粗糙度	*Ra*1.6 μm（4 处）	降级不得分	4×1			
27		*Ra*3.2 μm（5 处）	降级不得分	5×1			
28	安全文明生产	严格遵守安全文明生产要求	违反一次扣 1 分，扣完为止	5			